RAPPORT

SUR L'INDUSTRIE ABEILLÈRE

DES PYRÉNÉES-ORIENTALES.

INTRODUCTION.

Depuis des temps bien éloignés, la culture des abeilles a été très-répandue dans notre Roussillon. Le miel y était très-abondant; la réputation de ce produit, portée au loin, le faisait rechercher à l'envi par tous nos grands seigneurs, et nos anciens Gouverneurs n'avaient garde d'oublier la quantité nécessaire à la table de nos Rois.

La douceur de la température et la régularité des saisons, venaient seules en aide, dans notre pays, aux méthodes les plus simples de culture.

Depuis quelques années, notre beau ciel éprouve, malheureusement, des variations atmosphériques jusqu'alors inconnues. Si notre hiver est, dans la plupart des cantons, sans frimas et sans neige, le printemps, en revanche, est capricieux, et son influence agit d'une manière assez souvent fatale sur nos colonies d'abeilles.

Un guide devenait nécessaire à ceux qui veulent se livrer, avec quelque fruit, à la culture mellifère. Tel est le but de notre travail.

Nous signalons les pratiques mauvaises, en exposant les méthodes nouvelles qui doivent être préférées, et qu'on ne tardera pas à adopter; car le goût de la culture des abeilles est inné chez le Roussillonnais.

L'apiculture n'est-elle pas générale dans le département? Sur 229 communes, nous n'en comptons que vingt qui y soient étrangères : Cabestany et Toulouges, dans le canton Est de Perpignan; Bompas et Sainte-Marie, dans le canton Ouest; Amélie-les-Bains, dans le canton d'Arles; Boule-d'Amont, Boule-Ternère, Case-Fabre et Prunet, dans le canton de Vinça; Bourg-Madame, dans le canton de Saillagouse; et dix communes dans le canton de Mont-Louis (l'abondance des neiges, pendant une partie de l'année, y rend cette culture très ingrate).

Pour amener à bonne fin notre statistique apiculturale, nous avons sollicité, d'abord, les bons offices de quelques amis et de plusieurs Juges-de-Paix; ces magistrats se sont renseignés auprès des Maires et des praticiens éclairés. Nous devons des remercîments à ces messieurs, et particulièrement à MM. Noguès, juge-de-paix, à Olette; Pla, à Saint-Paul; Joseph Sans, à Mont-Louis; Foissin, à Sournia; Delmas, à Céret, et à notre collègue, M. Denamiel, juge-de-paix, à Rivesaltes. Pour les cantons de Perpignan, les services de M. Saint-Maurice, commissaire spécial, nous ont été très-utiles.

Tous les documents, fournis par ces magistrats étant bien insuffisants; et comme nous n'ignorions pas que beaucoup de Maires, gardiens trop fidèles des intérêts de leurs administrés, donnent, assez souvent, des notes erronées, lorsqu'il est question de statistiques, persuadés qu'il s'agit de nouveaux impôts à créer, nous avons eu recours, pour fortifier nos divers renseignements, à notre collègue, M. Amédée

INDUSTRIE ABEILLÈRE.

RAPPORT

SUR

L'INDUSTRIE ABEILLÈRE

DES PYRÉNÉES-ORIENTALES,

PAR

M. ANTOINE SIAU,

Trésorier de la Société Agricole, Scientifique et Littéraire des Pyrénées-Orientales,

EXTRAIT DU ONZIÈME BULLETIN.

PERPIGNAN.

IMPRIMERIE DE J.-B. ALZINE,

Rue des Trois-Rois, 1.

1852.
1858

Maurice, agent-voyer-chef. Nous avons bientôt eu le concours de ses agents dans tous les cantons; et ces messieurs ont rempli, dans l'intervalle de leurs travaux, leur mission avec un zèle et une intelligence remarquables. Nous remercions aussi notre ami, M. Conte, d'Estagel, de ses renseignements. Nous accomplissons encore un autre devoir, en remerciant nos collègues de leur concours, et particulièrement M. Companyo, père, pour ses notes sur la flore de chaque canton, ainsi que M. Sauveur de Girvés, pour ses observations sur la culture des abeilles.

Nous possédons aujourd'hui une statistique à peu près complète. Nous n'avons pas mis en ligne de compte, dans la production du miel et de la cire, la quantité consommée par les familles des cultivateurs, et celle dont ils font cadeau, et qui n'entrent pas comme produits dans nos appréciations, quoiqu'elles aient une certaine importance.

Les récoltes seront plus abondantes cette année dans la plupart des cantons; déjà celle du printemps a fourni, dans le canton de Rivesaltes, deux kilogrammes de plus que la moyenne de l'année ordinaire; ceux de Millas et de Thuir, un kilogramme; ceux de Saint-Paul, Céret, Argelès, etc., un et deux kilogrammes. Ce n'est pas seulement parce que la floraison est venue en aide aux abeilles; mais, parce que plus de soins leur ont été donnés. Les cultivateurs ont déjà compris, dans toutes nos contrées, l'appui salutaire que vous apportez à leurs œuvres, les encouragements que vous désirez leur accorder, et ils cherchent à s'en montrer dignes.

Ils ont une preuve de votre sollicitude à leur égard, par les distinctions que, sur notre proposition, vous avez accordées, dans la séance du 26 juillet, à M. Laurent Eychenne, de Perpignan, par la distribution d'une médaille, qui est la récompense, justement méritée, de la création d'une ruche, appelée à rendre de grands services dans le département ; — à M. Laurent Labrousse, de Mantet, dont l'intelligence, bien constatée, dans la direction de ses cinquante-neuf ruches, a été jugée digne d'une autre médaille ; — par la mention honorable accordée à M. A. Debatène-Picard, de Mont-Louis. Cet apiculteur éclairé et habile mécanicien, a adopté une ruche, à laquelle il a apporté une heureuse modification : le produit énorme qu'il en obtient en fera multiplier les essais. Le résultat de cette ruche nous a été confirmé par MM. Sans, juge-de-paix, et Azéma, agent-voyer.

L'une des plus grandes difficultés, dans la direction de nos ruches, est d'apprécier l'état de la population, et de savoir y porter remède au besoin. M. François Vilatte, de Rô, dans le canton de Saillagouse, y réussit parfaitement ; son rucher, qui est considérable, est constamment des plus prospères : à ces divers titres, une mention honorable lui a été accordée. Lorsque d'autres font leur récolte dans le mois d'août, M. Vilatte fait la sienne en mars ; il a reconnu que c'était la meilleure époque en Cerdagne.

M. Thomas Dalbiés, de Rabouillet, est le Nestor des cultivateurs du département : depuis quarante-cinq ans il dirige, avec succès, un rucher nombreux et très-bien établi. En lui concédant une mention honorable, la Société n'a pas eu seulement en vue de récompenser ses longs travaux ; mais elle a voulu, que cette distinction servît d'encouragement à un canton, qui a besoin de le prendre pour modèle.

L'industrie abeillère possède, dans notre départe-
tement, 19.829 ruches; elles sont dirigées par 1.601
cultivateurs.

La production du miel est de 94.406 kilogrammes,
et sa valeur de. . . . . 136.090 fr.

La production de la cire de 17.835 k.,
et sa valeur de. 57.909
____

VALEUR TOTALE. . . 193.999 fr.

Le revenu moyen de chaque ruche, pour tout le
département, serait de 9 fr. 78 c. Nous avons désigné
celui qui est particulier à chaque canton; il est loin
d'être en rapport avec l'abondance des plantes mellifères, dont la floraison est constante, jusqu'à l'époque
de la saison hivernale, dans nos plaines, comme sur
nos montages, dont nous avons signalé les tribus dans
chaque canton.

En apportant quelques améliorations à la culture
des abeilles, à la forme de nos ruches; en introduisant
les pratiques nouvelles acquises à la science, nous ver-
rons cette branche intéressante de l'industrie apicole
prendre un développement immense : en suivant même sa marche naturelle, le nombre des ruches devrait
être, dans cinq ans, de cent mille, et le produit d'un
million au moins.

Quel prodigieux bienfait pour nos villageois; car
ce sont eux qui sont les cultivateurs! Quel puissant
sujet de moralisation; car, ces pauvres gens, en aug-
mentant leur bien-être, en rendront grâces à Dieu !

Il appartient aux cultivateurs éclairés de servir de
guide dans l'application des bonnes méthodes; c'est
un devoir et un avantage pour eux.

L'excellence de notre miel sera bientôt proclamée :

les expositions agricoles de 1855 et de 1856, ont constaté sa supériorité ; et le Jury et la Presse ont classé, sans conteste, nos échantillons parmi les plus beaux miels français.

Nos miels sont connus, dans le commerce, sous la dénomination de miel blanc, dont le prix varie, suivant le degré de blancheur, de 1 fr. 50 c. à 1 fr. 70 c. le kilogramme ; — de miel paillet (jaune-paille) du prix de 1 fr. 20 c. ; — de miel roux, plus ou moins foncé, à 1 fr. environ.

8.000 kilogrammes de miel roux servent à la confection des tourrons (nougats), qui sont consommés vers la Noël : 5.000 kilogrammes sont employés par vingt-et-un commerçants de Perpignan, qui approvisionnent, en grande partie, de tourrons le premier arrondissement ;—3.000 kilogrammes, dans les deux autres arrondissements ; — et 400 kilogrammes sont employés par les pharmaciens de Perpignan, qui approvisionnent les vétérinaires.

Une partie de notre miel est livrée au commerce de Narbonne ; une certaine quantité est envoyée sur les divers points de la France ou de l'étranger, et le restant est employé dans le département.

Nos miels se cristallisent après les fortes chaleurs ; la qualité commune se cristallise moins.

Le miel recueilli vers le printemps, est dans nos divers cantons, à deux exceptions près, de belle qualité : il est d'une blancheur remarquable ; il possède un goût et une odeur agréables ; il est transparent ; il a, néanmoins, la consistance d'un sirop épais.

Les qualités des cantons de Prades, et surtout de Mont-Louis, Olette et Saillagouse, possèdent ces qualités, et contiennent plus de matières sucrées. Le miel du dernier de ces cantons, et particulièrement celui de la vallée de Carol, a un goût qui lui est propre, et qui le place à l'égal de ceux du mont Hymette, de Mahon et de Cuba : la flore locale lui donne ces qualités. Ce miel est acheté par les personnes riches de la Cerdagne espagnole.

On a déjà apprécié, dans toute la France et à l'étranger, le mérite du miel des cantons de Rivesaltes, Latour et Saint-Paul, limitrophes du département de l'Aude. Ce miel, recherché depuis un grand nombre d'années par le commerce, est expédié sous la dénomination de miel de Narbonne, par cette ville, qui a su en établir le monopole.

L'industrie apicole de nos contrées ne tardera pas à se faire jour, et à placer nos produits au premier rang. Bientôt, notre miel prendra son véritable nom, celui de miel roussillonnais.

Alors, le miel délicat des communes de Nyer, Py, Mantet, Castell et Vernet-les-Bains, si estimé des personnes opulentes qui fréquentent ces thermes, sera recherché.

Nos qualités seront améliorées, étant composées du suc des fleurs, qui lui fournissent les éléments les plus précieux ; et nos cultivateurs sauront les perfectionner encore, en apportant au façonnement les soins convenables. Nous ferons connaître, à cet effet, la meilleure méthode.

STATISTIQUE APICULTURALE.

PREMIER ARRONDISSEMENT.

Canton de Perpignan (Est).

NOMS DES COMMUNES.	NOMBRE DE RUCHES.	PRODUIT MOYEN.	TOTAUX.
Perpignan...............	141	5 kil.	705 kil.
Alénya.................	54	5	270
Cabestany	»	»	»
Canet.................	39	4	156
Canohès...............	56	4	144
Corneilla-del-Vercol........	10	2	20
Elne	57	3	111
Latour-bas-Elne	56	5	108
Montescot	14	3	42
Saint-Cyprien	69	4	276
Saint-Nazaire.............	62	4	243
Théza	39	4	156
Toulouges..............	»	»	»
Villeneuve-de-la-Raho.......	14	5	42
Total	554		2278 kil.

78 cultivateurs d'abeilles possèdent 554 ruches, produisant
2278 kil. de miel ; prix moyen, 1 fr. 50 cent............... 3417 fr.
227 kil. de cire ; prix moyen, 3 fr. 25 cent............. 737 fr.

Valeur totale..................... 4154 fr.

Le produit moyen de chaque ruche est de 7 fr. 55 cent.

La taille se fait ordinairement deux fois par an :
à la fin de mai, après le départ des essaims, et dans
le courant de septembre.

Les abeilles trouvent à butiner sur les rosacées, les légumineuses et les labiées.

Parmi les belles qualités de miel, nous désignerons celles de la commune d'Alénya.

Les échantillons de nos collègues, MM. Durand, frères, ont obtenu, au concours de Paris de 1855, une mention particulière. Des Anglais, qui les avaient remarqués, recherchent depuis lors leurs récoltes.

Nous citerons encore les communes de La-Tour-bas-Elne, Saint-Cyprien et Canohès.

Dans ce canton, et dans le canton Ouest, les ruches ordinaires en bois sont seules en usage; elles ont de 0^m,70 à 0^m,80 de hauteur, sur 0^m,30 de largeur. M. Laurent Eychénne en a créé une à comparti-ments, que nous ferons connaître, avec ses avantages sur nos ruches. Plusieurs apiculteurs des environs de Perpignan les ont constatés.

Canton de Perpignan (Ouest).

NOMS DES COMMUNES.	NOMBRE DE RUCHES.	PRODUIT MOYEN.	TOTAUX.
Perpignan..................	18	5 kil.	90 kil.
Baho....................	29	3	87
Bompas.................	»	»	»
Pia.....................	58	3	114
Saint-Estève.............	64	4	256
Sainte-Marie......... ...	»	»	»
Villeneuve-de-la-Rivière.....	19	3	57
Villelongue-de-la-Salanque...	14	4	56
TOTAL	182		660 kil.

26 cultivateurs d'abeilles possèdent 182 ruches, produisant
660 kil. de miel ; prix moyen, 1 fr. 50 cent .... 990 fr.
66 kil. de cire ; prix moyen, 5 fr. 25 cent .... 215 fr.

Valeur totale.................... 1205 fr.

Le produit moyen de chaque ruche est de 6 fr. 62 cent.

La flore est riche des mêmes familles ; on y trouve beaucoup de papillonacées ; les orangers cultivés y sont nombreux, comme dans la plupart de nos cantons.

La récolte du miel et de la cire est enlevée aux mêmes époques que dans le canton Est. Généralement la qualité du miel n'a pas le même mérite. Nous distinguerons celui produit à Perpignan, surtout chez M. Motas, à cause de son arôme, de son goût et de sa blancheur parfaite ; ces propriétés lui sont fournies par les nombreux orangers séculaires qui, une bonne partie de l'année, sont surchargés de fleurs.

Canton de Rivesaltes.

NOMS DES COMMUNES.	NOMBRE DE RUCHES.	PRODUIT MOYEN.	TOTAUX.
Rivesaltes	88	4 kil.	552 kil.
Baixas...................	225	4	900
Calce....................	120	5	600
Cases-de-Pène..........	72	5	560
Claira	28	4	112
Espira-de-l'Agly..........	129	4	516
Opoul...................	762	6	4572
Périllos.................	62	6	572
Salses..................	99	5	495
A reporter........	1585		8079 kil.

NOMS DES COMMUNES.	NOMBRE DE RUCHES.	PRODUIT MOYEN.	TOTAUX.
Report	1585	15 kil.	8079 kil.
Vingrau	946	6	5876
Peyrestortes.	25	2	50
Saint-Hippolyte	24	5	72
Saint-Laurent-de-la-Salanque. .	58	4	232
Torreilles	15	4	60
Total.	2655		12569 kil.

108 cultivateurs d'abeilles possèdent 2655 ruches, produisant
12569 kil. de miel ; prix moyen, 1 fr. 60 cent. . . . . 19790 fr.
1590 kil. de cire ; prix moyen, 3 fr. 25 cent. . . . . , . . 5167

Valeur totale. . . . . 24957 fr.

Le produit moyen de chaque ruche est de 9 fr. 37 cent.

Le miel de la plupart des communes de ce canton,
a une supériorité reconnue sur tous ceux de la France. Celui qui est récolté à Vingrau, Opoul, Périllos,
etc., recherché, depuis un grand nombre d'années
par le commerce de Narbonne, a surtout largement
contribué à la réputation qu'a obtenue le miel que
cette ville livre à la consommation.

Les sites de ces communes sont dans les conditions
les plus favorables ; leurs montagnes sont des plus riches du département en plantes mellifères. Là croissent en abondance le romarin, le thym, la lavande,
la sauge, la mélisse, etc. Parmi les cistes, se trouvent
le *cistus albidus* (*astepa blanca*, en catalan); le *cistus
monspeliensis* (*astepa negra*, en catalan); le *cistus lau-
rifolius*, et le *cistus umbellatus*, qui ont une floraison
de longue durée.

Le miel de ce canton est d'une blancheur parfaite.

Au commencement de mars, la plupart des ruches de la plaine sont transportées sur les montagnes, où est faite la première récolte vers la fin de mai; en juin, on descend toutes les ruches vers la Salanque : les abeilles y trouvent d'amples provisions sur les légumineuses, principalement sur les fleurs de luzerne, de trèfle incarnat, de l'esparcette cultivé et du genêt d'Espagne.

La deuxième récolte se fait vers la dernière quinzaine de septembre. A cette époque, on en enlève seulement le tiers, comme sur tous les autres points du département; les deux tiers restants étant consacrés à la consommation hivernale des abeilles. — Ce miel est roux.

Après cette récolte, les ruches des montagnes y sont de nouveau transportées.

La ruche en bois coûte 2 fr.; celle en liége, 3 fr. L'abeille se plaît davantage dans cette dernière; mais elle y est plus exposée aux fausses-teignes.

Chaque ruche paye de location, à la montagne, de 25 à 50 centimes.

Les bonnes méthodes, comme les bonnes pratiques, sont généralement adoptées dans ce canton. Parmi les apiculteurs qui les exécutent avec le plus d'intelligence, nous désignerons : à Baixas, Mme veuve Tarrius-Talayrach, MM. Tarrius - Barrière, Sébastien Gitar, Thomas Raynal ; — à Cases-de-Pène, MM. Gaudérique Chichet, Jacques Farines, Jean Bodi, Louis Athiel ; — à Périllos, MM. Julien Ferrer, Jean Ferrer, Antoine Espinet, Michel Sarda ; — à Vingrau, MM. Jean Fontanell, Jean Landriq, Pierre Landriq, André Raynal, Nicolas Béringuer, J^n Espinet, Jacques Sarda, Pierre

Bertrand; — à Opoul, MM. Jean Raynal, Joseph Castany, Nicolas Estivac, Laurent Calmont, Laurent Brétou.

Le prix de la ruche habitée est de 10 à 15 fr.; un bon essaim se vend de 5 à 7 francs. Un mulet ou un cheval porte ordinairement quatre ruches à la montagne : on choisit de préférence, celles qui sont pleines de rayons, pour que le mouvement ne les fasse pas tomber.

Canton de Millas.

NOMS DES COMMUNES.	NOMBRE DE RUCHES.	PRODUIT MOYEN.	TOTAUX.
Millas....	156	4 kil.	544 kil.
Corbère.................	142	4	568
Corbère-les-Cabanes........	66	4	264
Corneilla-de-la-Rivière.......	284	4	1156
Le Soler................	75	3	219
Neffiach...	58	3	174
Pézilla-de-la-Rivière........	63	4	252
Saint-Féliu d'Amont........	64	3	192
Saint-Féliu-d'Availl........	82	3	246
Total........	968		5595 kil.

49 cultivateurs d'abeilles possèdent 968 ruches, produisant 5595 kil. de miel; prix moyen, 1 fr. 45 cent.............. 5212 fr.
667 kil. de cire; prix moyen, 3 fr. 25 cent 2200

Valeur totale...................... 7412 fr.

Le produit moyen de chaque ruche est de 7 fr. 65 cent.

Le miel est, en majeure partie, blanc, et de deuxième qualité.

Ce canton a un nombre très-faible de ruches, eu égard à la richesse de ses plantes aromatiques.

On y voit en abondance les rosacées et labiées; parmi ces espèces on trouve beaucoup de thym, de romarin et surtout de lavande. La montagne de Fort-Réal est riche en bruyères, genêts et cistes.

On pourrait améliorer la qualité du miel, en donnant plus de soins au façonnement.

Dans ce canton, ainsi que dans d'autres de la plaine, on ne se pénètre pas assez des graves inconvénients de l'exposition des ruches aux ardeurs du soleil. Nous en ferons connaître avec détail les résultats désavantageux. L'expérience a prouvé que mieux vaut trop d'ombrage que trop de soleil, surtout dans nos régions méridionales.

La première sortie des essaims a eu lieu, cette année, dans ce canton du 15 au 25 mai; la seconde, du 20 au 31. Ordinairement, c'est au mois d'avril.

Les ruches n'ont pas de dimension uniforme: la largeur varie de 25 à 30 centimètres; la hauteur, de $0^m,70$ à 1^m. Ces dernières sont en petit nombre.

Canton de Thuir.

NOMS DES COMMUNES.	NOMBRE DE RUCHES.	PRODUIT MOYEN.	TOTAUX.
Thuir	242	»	»
Bages..................	25	»	»
Brouilla..............	16	»	»
Caixas....	52	»	»
A reporter.........	285		»

NOMS DES COMMUNES.	NOMBRE DE RUCHES.	PRODUIT MOYEN.	TOTAUX.
Report	285	»	»
Camélas..............	71	»	»
Castelnau	28	»	»
Fourques..............	16	»	»
Llauro.............	78	»	»
Llupia............	55	»	»
Ortaffa...............	65	»	»
Passa..............	29	»	»
Pollestres	18	»	»
Ponteilla.............	57	»	»
Sainte-Colombe...........	11	»	»
Saint-Jean-Lasseille........	20	»	»
Terrats	55	»	»
Tordères..............	14	»	»
Tresserre..............	51	»	»
Trouillas..........	55	»	»
Villemolaque.............	25	»	»
TOTAL..........	847	2 kil. 5 hect.	2117 kil.
Ferme-École (Germainville) .	48	4 kil.	192
TOTAL GÉNÉRAL.....	895		2309 kil.

62 cultivateurs d'abeilles possèdent 895 ruches, produisant
2117 kil. de miel ; prix moyen, 1 fr. 20 cent.............. 2540 fr.
192 kil. de miel ; prix moyen, 1 fr. 50 cent.............. 288
520 kil. de cire ; prix moyen, 5 fr. 25 cent............. 1040

VALEUR TOTALE. .... 5868 fr.

Le produit moyen de chaque ruche des communes est de 4 fr. 18 cent.
Le produit de chaque ruche de la Ferme-École est de 6 fr. 84 cent.

Dans ce canton, l'art d'élever les abeilles est très-arriéré; aussi leur mortalité y est fort grande, et la production du miel bien faible. Il est surprenant que les éleveurs n'aient pas suivi les bonnes pratiques que la plupart ont vu mettre en usage par MM. Joseph Ros, B^te et Martin Villanova, de Thuir, qui étaient parvenus à retirer de leurs ruches 6, 7 et même 8 kil. de miel.

Ces méthodes sont simples : elles consistent à changer les ruches de place; à les rapprocher du centre des fleurs mellifères; à les mettre toujours à l'abri d'un soleil brûlant et des vents du nord ; à faire deux tailles par an, celle de l'automne avec modération, pour que les abeilles aient leurs provisions jusqu'à la belle saison ; à nettoyer les ruches, ce qui est hygiénique; à être vigilant à enlever les fausses-teignes, et à écarter les insectes nuisibles. Afin d'avoir ses ruches prospères, il est important d'y compter toujours une bonne population. Si l'on remarque une colonie faible, il faut se hâter de réunir cette colonie avec une autre qui soit convenablement peuplée et approvisionnée. C'est-là une des pratiques les plus essentielles de la culture des abeilles : nous en ferons apprécier les avantages. On doit placer le rucher près des cours d'eau, l'eau étant nécessaire à l'éducation du couvain.

En faisant la dépouille des ruches, il faut éviter de répandre du miel sur les abeilles, et d'enlever les cellules à couvain, que l'on peut reconnaître facilement parce qu'elles sont bombées et plus foncées que les cellules à miel, qui sont plates. Il faut laisser les vivres nécessaires à la nourriture des abeilles pendant la mauvaise saison.

Telles sont les notions principales qui doivent servir de guide à l'apiculteur. Nous ferons, à cette occasion, un appel à la bonne volonté de MM. Villanova, Ros, Joseph Modat et Farran, médecin, afin qu'ils éclairent ceux qui auraient besoin de leur expérience.

La flore de cette contrée est composée de rosacées, légumineuses et labiées; on y trouve beaucoup de thym, romarin, lavande et saules.

Les localités qui nous paraissent favorales pour recevoir les ruches lorsque les plantes mellifères ont cessé leur floraison dans la plaine, sont Calmelles, Llauro, Caixas, etc.

On croit avoir remarqué, depuis que l'*oïdium* existe, une plus grande mortalité d'abeilles dans les cantons viticoles.

Le miel est généralement roux; mais d'un goût très-agréable. Celui de la Ferme-École (Germainville) est d'une qualité supérieure. Les échantillons qu'elle avait adressés au concours agricole de 1856 ont été classés parmi les plus beaux des miels français (*Apiculteur praticien*, numéro de décembre 1856).

Canton de Saint-Paul.

NOMS DES COMMUNES.	NOMBRE DE RUCHES.	PRODUIT MOYEN.	TOTAUX.
Saint-Paul................	250	»	»
Ansignau................	56	»	»
Caudiès................	140	»	»
Fenouillet................	12	»	»
Fosse................	16	»	»
Lesquerde................	42	»	»
A reporter........	496		»

NOMS DES COMMUNES.	NOMBRE DE RUCHES.	PRODUIT MOYEN.	TOTAUX.
Report............	496	»	»
Maury.................	230	»	»
Prugnanes.............	54	»	»
Saint-Arnac...........	19	»	»
Saint-Martin..........	47	»	»
Vira..................	10	»	»
TOTAL............	836	4 kil.	5344 kil.

66 cultivateurs d'abeilles possèdent 836 ruches, produisant
5344 kil. de miel ; prix moyen, 1 fr. 50 cent............. 5016 fr.
665 kil. de cire ; prix moyen, 3 fr. 25 cent............. 2161 fr.

VALEUR TOTALE..................... 7177 fr.

Le produit moyen de chaque ruche est de 8 fr. 58 cent.

Les dévastations opérées à deux époques dans ce canton, sur les arbustes et plantes mellifères, ont beaucoup nui au développement de l'apiculture. Ces dévastations sont d'autant plus regrettables, que la qualité du miel provenant du thym, la lavande, la mélisse, le romarin, le ciste et les bruyères, est une des meilleures du département.

Le miel des environs de Saint-Paul et de Maury, se distingue par sa supériorité.

Dans la flore qui le fournit, riche surtout en cistinées et caryophyllées, sont certaines légumineuses, des labiées, des caprifoliacées, etc.

Les propriétaires qui possèdent le plus grand nombre de ruches sont : à Saint-Paul, MM. Baptiste Deville et François Batlle ; — à Maury, MM. Vila dit la *Grive* et Étienne Azaïs ; — à Caudiès, M. Antoine Bot.

Ceux qui montrent le plus d'intelligence dans l'extraction et le façonnement du miel, et qui font ce travail, non-seulement pour leur compte, mais qui vont le faire, à prix d'argent, dans des communes éloignées, sont : à Saint-Martin, M. Chrysogone Blanquier ; — à Saint-Paul, MM. Raymond Caillens et Barthélemi Milhac (Espagnol).

Canton de Latour.

NOMS DES COMMUNES.	NOMBRE DE RUCHES.	PRODUIT MOYEN.	TOTAUX.
Latour-de-France	188	5 kil.	940 kil.
Bellesta.....	40	4	160
Caramany	81	5	405
Cassagnes....	14	4	56
Estagel	596	5	2980
Lansac....	79	4	316
Montalba....	168	4	672
Montner	64	5	320
Planèzes....	27	5	135
Rasiguères....	185	5	915
Tautavel	167	5	835
Total	1607		7734 kil.

152 cultivateurs d'abeilles possèdent 1607 ruches, produisant 7734 kil. de miel ; prix moyen, 1 fr. 50 cent............... 11601 fr.
1125 kil. de cire ; prix moyen, 3 fr. 25 cent.............. 3766

VALEUR TOTALE .... 15367 fr.

Le produit moyen de chaque ruche est de 9 fr. 56 cent.

La majeure partie du miel est blanc et de belle qualité ; il est récolté vers la fin de mai.

3

Les abeilles vont faire leur butin principalement sur le thym, le romarin, la lavande, etc., etc.

La seconde récolte a lieu vers la fin du mois d'août; on n'enlève qu'une partie des gâteaux. Le miel qu'on retire est roux, étant recueilli sur les fleurs du sarrazin et de la marjolaine sauvage.

Le prix des ruches habitées varie de 8 à 16 fr.

Dans les premiers jours de mars, les ruches qui sont aux environs d'Estagel sont transportées, à dos de mulet ou de cheval, sur les côteaux incultes qui existent depuis Tautavel jusqu'à Maury. Au commencement de juin, on les déplace.

Pendant long-temps, on les a établies en partie sur la montagne de Mosset; mais les cultivateurs d'abeilles ont dû y renoncer par suite d'un impôt de 50 centimes que cette commune fixa sur chaque ruche. Comme Mosset a perdu la majeure partie de ses ruches en 1853, à la suite des neiges, et que la flore de sa montagne est abondamment pourvue, cette commune devrait réduire l'impôt à 25 centimes.

Les deux premiers essaims sortent ordinairement en avril.

Le canton de Latour est l'un des plus avancés dans la culture des abeilles.

Les éleveurs qui donnent les soins les plus éclairés aux abeilles, sont : à Estagel, MM. Louis Torreilles, François Catala et André Deloncle; — à Tautavel, M. Maurice, maçon; — à Latour, M. Delon; — à Vingrau, MM. Jean Raynaud et Bertrand.

La qualité supérieure du miel de ce canton, se récolte à partir de Périllos jusqu'à Estagel inclusivement.

DEUXIÈME ARRONDISSEMENT.

Canton de Céret.

NOMS DES COMMUNES.	NOMBRE DE RUCHES.	PRODUIT MOYEN.	TOTAUX.
Céret....................	192	5 kil.	576 kil.
Banyuls-dels-Aspres.........	71	2 kil. 5 hect.	177
Calmeilles...............	256	3	708
L'Écluse	47	3	141
Le Perthus..............	58	3	174
Las Illes et La Selve	72	3	216
Le Boulou.............	7	3	21
Maureillas..............	69	3	207
Montauriol	55	3	105
Oms	57	3	171
Reynès.................	120	3	360
Riunoguès..............	95	3	285
Saint-Jean-Pla-de-Cors......	38	3	114
Taillet.................	52	3	96
Vivès..................	41	2	82
TOTAL...........	1170		3433 kil.

176 cultivateurs d'abeilles possèdent 1170 ruches, produisant
3433 kil. de miel ; prix moyen, 1 fr. 20 cent.............. 4419 fr.
331 kil. de cire ; prix moyen, 3 fr................. 1053
VALEUR TOTALE..................... 5472 fr.

Le produit moyen de chaque ruche est de 4 fr. 67 cent.

Ce faible produit prouve combien l'art d'élever les
abeilles laisse à désirer dans ce canton : on n'enlève
les gâteaux qu'une fois par an, et le miel blanc est
mêlé au miel roux dans le façonnement.

La production du miel roux est des 3/5, et celle du blanc des 2/5.

Dans ce canton croissent en abondance tous les cistes, les coryllacées. Les abeilles vont butiner sur les chênes, qui y sont très-nombreux ; sur les radiées, et les caprifoliacées ; sur les labiées et les légumineuses. On y remarque beaucoup de genêts d'Espagne, de pistachiers sauvages et de bruyères.

Les montagnes de Céret et de Reynès, sont couvertes de noisetiers et de cérisiers dits de Saint-Georges, qui fournissent, par leur floraison précoce, une ample moisson aux abeilles.

Canton d'Argelès-sur-Mer.

NOMS DES COMMUNES.	NOMBRE DE RUCHES.	PRODUIT MOYEN.	TOTAUX.
Argelès-sur-Mer............	111	2 kil. 5 hect.	277 kil.
Albère...................	142	4 kil.	568
Banyuls-sur-Mer..........	1225	5	6125
Collioure................	270	4	1080
Laroque..............	63	3	189
Montesquieu.............	39	3	117
Palau-del-Vidre..........	52	2 kil. 5 hect.	80'
Port-Vendres............	65	4 kil.	260
Saint-André............	13	3	39
Saint-Génis..............	19	5	57
Sorède..	50	3	90
Villelongue-dels-Monts......	21	4	84
Total............	2030		8956 kil.

156 cultivateurs d'abeilles possèdent 2030 ruches, produisant
5956 kil. de miel ; prix moyen, 1 fr. 50 cent.. .... 11642 fr.
1218 kil. de cire ; prix moyen, 5 fr. 25 cent... 5958
Valeur totale..................... 15600 fr.

Le produit moyen de chaque ruche est de 7 fr. 68 cent.

Collioure, Port-Vendres, Banyuls, sont les points du département les plus abondamment pourvus de plantes méridionales.

Dans ce canton, on trouve beaucoup de labiées, de rosacées, de cistes, d'osyridées, de bruyères, de borraginées : dans cet ordre, les vipérines et les lycopsis.

Le miel blanc est estimé, et fournit le tiers de la production ; le miel roux très-recherché, donne les deux tiers de la récolte.

Dans certains villages du pied des Albères, on ne se contente pas d'enlever tout le miel en automne ; beaucoup de cultivateurs négligent aussi d'approvisionner le nourrisseur, lorsque les abeilles ne peuvent pas sortir ; il s'ensuit une mortalité très-grande. Un autre inconvénient, c'est l'introduction fréquente dans les ruches de la grosse fourmi, appelée dans la contrée *rabaxi (formica truncata)*.

La récolte du miel roux est faite du 20 au 30 juin. Alors, les ruches sont transportées à la montagne, et on y fait la seconde récolte, dont le miel est blanc.

Vers la fin de septembre, on redescend les ruches, qui, généralement en liége, ont une hauteur de $0^m,70$ à $0^m,80$, et une largeur de $0^m,30$ à $0^m,35$ à la base.

L'apiculture pourrait être beaucoup plus étendue sur les Albères en raison de l'abondance des plantes mellifères, et l'on devrait les propager aux environs de St-André, St-Génis, Sorède et Villongue-dels-Monts.

Canton d'Arles.

NOMS DES COMMUNES.	NOMBRE DE RUCHES	PRODUIT MOYEN.	TOTAUX.
Arles-sur-Tech	118	3 kil.	534 kil.
Amélie-les-Bains..........	»	»	»
Corsavy.................	234	5	1170
Labastide..............	18	4	72
Montalba..............	112	4	448
Montboló.............	154	4	616
Montferrer....	226	5	1150
Palalda......	52	4	208
Saint-Marsal...	41	5	205
Taulis.................	79	5	895
Total............	1034		4598

84 cultivateurs d'abeilles possèdent 1054 ruches, produisant
4598 kil. de miel ; prix moyen, 1 fr. 55 cent.............. 6729 fr.
860 kil. de cire ; prix moyen, 3 fr. 25 cent.............. 2795

$\qquad$ Valeur totale................ .... 8524 fr.

Le produit de chaque ruche est de 8 fr. 24 cent.

La taille est faite en septembre et au commen-
cement d'octobre à Corsavi, Labastide et Montboló.
On en fait une autre en juillet. La montagne de
Valmanya fournit du miel blanc.

Généralement, on ne porte pas assez de soin à l'enlèvement des gâteaux, et le façonnement est vicieux.

On reconnaît, pourtant, dans ce canton, des apiculteurs éclairés, dont les pratiques devraient servir
d'exemple. On nous cite : à Arles, M. Jean Coste ; —
à Labastide, MM. Joseph Puig-Ségur, Jean Malé,

Étienne Vincent;—à Corsavi, MM. J. Delos, François Berdaguer, Paul Cantouera, Joseph Sala; — à Montboló, MM. Abdon Guitard, Jean Marty, Guillaume Bourrat; — à Montferrer, MM. Abdon Vaills, Jean Fabre, Costéja; — à Palalda, M. Pierre Alcouff; — à Saint-Marsal, MM. Jean Mary, Pierre Tourron; — à Taulis, M. Jean Camo.

La flore de ce canton abonde en labiées, en légumineuses et en bruyères. Aux environs de Corsavi croissent beaucoup de cistes, surtout le *cistus albidus,* le trèfle des Alpes et des lavandes.

A défaut d'une surveillance assez active sur les ruches, l'atropos y cause de grands dommages, ainsi que le chat sauvage qui, avec ses ongles, brise le bois ou le liége de la vieille ruche et dévore les rayons.

Canton de Prats-de-Molló.

NOMS DES COMMUNES.	NOMBRE DE RUCHES.	PRODUIT MOYEN.	TOTAUX.
Prats-de-Molló...............	628	4 kil. 5 hect.	2826 kil.
Coustouges	127	5 kil.	655
Lamanère...............	155	4	612
Saint-Laurent-de-Cerdans....	412	5	2060
Serralongue...............	111	4 kil. 5 hect.	499
Total............	1451		6652 kil.

116 cultivateurs d'abeilles possèdent 1451 ruches, produisant
6652 kil. de miel; prix moyen, 1 fr. 50 cent............... 8621 fr.
1520 kil. de cire; prix moyen, 5 fr. 25 cent............... 4298

Valeur totale...................... 12911 fr.

Le produit moyen de chaque ruche est de 9 fr. 03 cent.

Ce miel est recherché à cause de son arôme.

Une partie de la cire est consacrée à la fabrication des cierges allumés, dans un sentiment religieux, lorsque le tonnerre gronde ou que la grêle tombe, pratique généralement adoptée dans nos contrées montagneuses et même dans la plaine. Ces cierges sont bénits aux Quarante-Heures.

Les tribus rencontrées dans la flore de ce canton, sont les salicinées et la nombreuse famille des radiées ; les abeilles trouvent beaucoup à butiner sur les labiées et le rhododendron.

La taille se fait en novembre.

A St-Laurent-de-Cerdans, Prats-de-Molló et Coustouges, une autre récolte est faite en juillet, qui produit seulement le cinquième de celle de novembre. Voici les noms des apiculteurs qui se distinguent dans la direction des ruches : à Coustouges, MM. Damien Berdaguer, Pierre Brial ; — à St-Laurent-de-Cerdans, MM. Raphaël Garceries, Joseph Pons, François Lucq, Joseph Peytan, Beillou, Pierre Nivet, Guillaume Lluancy (les deux premiers possèdent à eux deux 140 ruches, et expédient du miel sur divers points de la France) ; — à Lamanère, MM. Michel Noguer, Jean Noguer, Jean Jouanole, Jean Casso, métayer.

Nous signalerons une pratique de ces deux derniers cantons dont on reconnaît les bons effets : lorsque l'hiver est prolongé, et qu'on n'a pas laissé dans la ruche les provisions suffisantes, on fait une espèce de gelée qu'on appelle *ratafia,* composée de 500 grammes de miel et 30 grammes de vin (le rancio ou vin vieux est employé de préférence). On laisse ce mélange sur le feu jusqu'à ce qu'il ait acquis la consistance du sirop ; on le donne ensuite aux abeilles.

Au printemps, lorsque la pluie dure quelques jours, les abeilles peuvent être malades. Nous ferons plus loin connaître les caractères des deux maladies principales qui les atteignent, et les remèdes à employer. Un hiver rigoureux est souvent très-nuisible à ces insectes dans certaines communes, parce que leur population n'est pas assez forte.

D'habitude, les cultivateurs prévoyants laissent le miel nécessaire à la colonie pour traverser un hiver un peu long. On parfume deux ou trois fois la ruche avec de l'encens pendant la mauvaise saison, dans le but de donner aux abeilles plus de force et d'obtenir plus tôt la sortie des essaims.

Les ruches d'Arles ont $0^m,45$ sur $0^m,25$; celles de Corsavi, Montalba, Montferrer, Palalda, $0^m,50$ sur $0^m,30$; — celles de Labastide, Saint-Marsal, $0^m,63$ sur $0^m,36$; — et celles de Taulis, $0^m,56$ sur $0^m,30$.

Dans le canton de Prats-de-Molló, elles offrent $0^m,50$ à $0^m,70$ de hauteur sur $0^m,30$ de diamètre.

TROISIÈME ARRONDISSEMENT.

Canton de Prades.

NOMS DES COMMUNES.	NOMBRE DE RUCHES.	PRODUIT MOYEN.	TOTAUX.
Prades.....................	48	2 kil. 50 gr.	120 kil.
Campome	54	3 kil.	162
Casteill	110	6	660
Catllar....................	162	3	486
Clara et Villerach	103	5	515
A reporter.........	477		1943

NOMS DES COMMUNES.	NOMBRE DE RUCHES.	PRODUIT MOYEN.	TOTAUX.
Report	477	»	1943 kil.
Codalet.	9	5 kil.	27
Conat	105	6	630
Corneilla-du-Conflent.	100	5	500
Eus et Comes.	10	2	20
Fillols.	52	4	208
Fuilla.	84	5	420
Los Masos.	7	4	28
Mosset.	95	6	570
Moligt.	12	5	36
Nohèdes	39	6	214
Ria et Sirach.	116	4	464
Taurinya.	54	5	162
Urbanya	36	6	216
Vernet.	86	6	516
Villefranche.	70	4	280
TOTAL	1552		6234

129 cultivateurs d'abeilles possèdent 1552 ruches, produisant
6254 kil. de miel ; prix moyen, 1 fr. 50 cent. . . . . 9351 fr.
1247 kil. de cire ; prix moyen, 5 fr. 25 cent. . . . . 4052 fr.

VALEUR TOTALE. . . . . 13405 fr.

Le produit moyen de chaque ruche est de 9 fr. 91 cent.

La culture des abeilles se fait dans ce canton avec
intelligence et succès. Toutefois, plus de soins devraient être donnés aux abeilles pendant l'hivernage.
La neige qui tomba en abondance à Mosset pendant
l'hiver de 1853 y détruisit 300 colonies.

La flore de ce canton, composée de rosacées, de caprifoliacées, de caryophyllées, de borraginées, de labiées et de légumineuses, est d'une si grande profusion, que des ruches innombrables pourraient y être placées.

Les plantes légumineuses ont reçu, dans ces contrées, et principalement dans les environs de Prades, une grande extension, par suite de l'établissement de canaux d'arrosage, qui permettraient de développer, sur ces points, l'apiculture sur une plus vaste échelle.

Parmi les praticiens éclairés, on cite : à Corneilla, M. Reynès, — à Conat, MM. P^re Respau, et Ticheyre ; — à Vernet, MM. François Junquet, notre collègue, et François Baillayre.

Nous mentionnerons ensuite : à Castell, MM. Emmanuel Buzan, Bernard Mossé et Martin Oliva ; — à Clara et Villerach, M. Martin Gaillo, dit *Siscal;* — à Fillols, M. François Raymond ; — à Fouilla, MM. Martin Vergès, Joseph Horte et Jacques Alabert ;—à Los Masos, M. Michel Navarre ;—à Mosset, MM. Julien Corcinos, François Bousquet et Massia ; — à Molitg, M. Joseph Mestres ;—à Nohèdes, M. Radondi, dit *Poubil;*—à Ria et Sirach, M. Martin Bernard ;—à Taurinya, M. Félip, dit *Baleci;*—à Urbanya, M. François Escanyé ;—à Villefranche, MM. François Laporte et Gaudérique Gensanne ; — à Vernet, M. Joseph Soler-Julien.

Les essaims sortent du 20 mai au 10 juin ; la dépouille se fait du 20 au 25 juillet, et, lorsque la saison est favorable, on fait une seconde taille du 15 au 20 août.

Les ruches sont généralement en bois de saule et en liége. La hauteur de celles en bois est de 0^m,70 à 0^m,75, et elle est de 0^m,25 à 0^m,30 à la base.

Canton de Vinça.

NOMS DES COMMUNES.	NOMBRE DE RUCHES.	PRODUIT MOYEN.	TOTAUX.
Vinça	595	4 kil.	1580 kil.
Boule-d'Amont........	»	»	»
Boule-Ternère.............	»	»	»
Casefabre.................	»	»	»
Espira....................	40	4	160
Estoher.....	45	4	180
Finestret.................	45	4	180
Glorianes.................	9	4	36
Ille.....................	212	4	848
Marquixanes..............	41	3 kil. 50 gr.	145
Prunet et Belpuig..........	»	»	»
Rodès....................	66	6 kil. 50 gr.	231
Rigarda..................	37	4 kil.	148
Saint-Michel-de-Llotes	198	5 kil.	990
Vallestavia...............	18	5	90
Valmanya	25	6 kil.	158
Total	1129		4724

90 cultivateurs d'abeilles possèdent 1129 ruches, produisant 4724 kil. de miel ; prix moyen, 1 fr. 40 cent. .... 6615 fr.
690 kil. de cire ; prix moyen, 5 fr. 25 cent............. 2247

Valeur totale....... .... 8855 fr.

Le produit moyen de chaque ruche est de 7 fr. 84 cent.

Les ruches d'Ille et de Saint-Michel sont en grande

partie transportées, vers le commencement de mars, dans la direction de Tautavel. On y fait la première dépouille vers le commencement de juin, et, peu de jours après, on les transporte du côté de Vernet-les-Bains, Castell et Corneilla-du-Conflent. La deuxième récolte y est faite à la mi-août.

Les ruches de Vinça ou des communes voisines restent dans les jardins ou dans les environs des habitations, exposées au midi et abritées contre les vents du nord jusqu'à la mi-juin ; alors le miel est retiré, et l'on transporte les ruches vers le Canigou.

On y fait une deuxième taille vers le commencement d'août. S'il a plu dans le mois de juillet, cette taille est la meilleure.

La dernière récolte est faite vers le 15 octobre. Les ruches sont redescendues dans la plaine pour y passer l'hiver et une partie du printemps.

Les propriétaires se rendent à la montagne lors de la dépouille du miel.

Un homme porte à la montagne de deux à trois ruches, et un cheval ou un mulet en transporte de quatre à six. Le prix de transport est de 60 centimes par ruche, et autant au retour. Le transport s'effectue ordinairement de nuit : l'entrée de la ruche est recouverte d'une toile en fil de fer, et l'on prend toujours les précautions nécessaires pour empêcher la sortie des abeilles.

On donne ordinairement, par ruche, un peu de miel au propriétaire du terrain.

Les ruches sont placées dans des prairies ou dans les bois, et n'ont d'autre surveillance que celle du propriétaire, qui veille à ce qu'on n'enlève pas le miel, ce qui arrive néanmoins de temps en temps.

La majeure partie du miel est blanc et de 2e qualité; celui récolté dans la plaine, au printemps, n'est pas aussi beau.

Communément, il ne sort de la caisse qu'un fort essaim, composé de 20 à 24.000 abeilles, dont le poids est d'environ deux kilogrammes et demi à trois kilogrammes. L'on voit aussi des ruches essaimer jusqu'à deux fois, à peu de jours d'intervalle; alors les essaims ne sont que de trois à six mille insectes.

Cette sortie a eu lieu cette année au commencement de juin; mais d'ordinaire elle a lieu dans le courant du mois de mai.

Le prix de la ruche en liége, généralement adoptée à Vinça et aux environs, est de 2 fr. 50 à 3 fr.; et, quoique plus sujette à être attaquée de la fausse teigne, elle est préférée, dans la croyance que les abeilles s'y plaisent mieux, et que le transport en est plus facile.

Le prix de la ruche en bois est de 2 fr.; un essaim qui vient de sortir se vend de 3 à 4 fr.; une ruche ancienne, en plein rapport, de 10 à 12 fr.

La citronnelle est employée de préférence pour frotter les ruches neuves, dans la persuasion que les papillons et la fausse teigne y feront moins de ravages.

Les ruches en liége de la forme d'un cône renversé, ont de 0^m,60 à 0^m,75 de hauteur, et 0^m,35 de diamètre pris intérieurement. Ces ruches sont formées de trois morceaux d'écorce ainsi disposés : deux dans le sens de la hauteur, et le troisième servant de couvercle ; ils sont maintenus à l'aide de chevilles en bois. Tous les joints sont enduits de bouse de vache, à laquelle on ajoute parfois de la cendre pour lui donner plus de solidité.

La forme conique tronquée, dont le sommet est en bas, adoptée par la généralité des éleveurs à l'exclusion de toute autre, a pour but de permettre aux abeilles de développer leur travail vers le haut de la ruche, en laissant leur entrée libre par la partie inférieure.

Cette contrée abonde en cistinées, malvacées, légumineuses, labiées, radiées, caprifoliacées et crucifères, que l'on rencontre dans tous les cantons.

Ce qui fait le mérite de la flore de notre département, c'est que les plantes de la plupart des familles sont répandues dans diverses régions et fleurissent à des époques différentes, et que, suivant les stations, on y trouve les plantes des diverses latitudes de l'Europe.

L'apiculture, dans nos Pyrénées, bien entendue et portée sur une vaste échelle, donnerait des résultats incalculables.

Entre Ille et Sournia, se trouvent d'immenses côteaux incultes, pourvus de plantes mellifères qui permettraient de donner le plus grand développement à la culture des abeilles. L'on y voit en nombre les cistes, parmi lesquels le ciste à feuille de laurier (*argentis* en catalan), qui sert au chauffage des fours. Ce magnifique arbuste trouverait dignement sa plâce dans nos jardins; sa fleur blanche ressemble beaucoup à celle de la rose.

Ces côteaux incultes sont parsemés de labiées et de légumineuses, et on y compte parmi d'autres plantes mellifères, des bruyères.

Entre les agriculteurs éclairés du canton, sont cités : à Vinça, MM. André Nères, Sauveur de Girvès, notre collègue, François Baco, Macary, adjoint et André Rosal; — à Rigarda, M. Jean Laguerre; — à Estoher, M. Félip. Ils possèdent de nombreuses ruches.

Pour opérer les récoltes, quelques cultivateurs se servent d'enfumoirs plus ou moins ingénieux. Il en est en terre cuite de la forme de nos cruches communes. A l'aide d'un soufflet adapté à l'enfumoir, on commence par projeter la fumée autour de la ruche pendant deux ou trois minutes. Le goulot de l'enfumoir est ensuite placé au-dessous, par l'intervalle ménagé pour le passage des abeilles. Les mouches sortent alors par toutes les issues; on détache le couvercle, et, avec un instrument en fer de la forme d'une petite pelle, d'un couteau recourbé ou d'un couteau ordinaire, on enlève les gâteaux chargés de miel. Ordinairement, on juge de l'abondance de la récolte au son mat que rend la ruche.

On se sert aussi avec avantage, pour enfumer les abeilles, d'un linge imbibé d'huile.

Beaucoup de cultivateurs exercés, et surtout ceux qui en font métier, détachent les gâteaux sans prendre la moindre précaution, et, le plus souvent, ils ne sont pas attaqués par les abeilles. D'autres font l'opération en frappant par intervalles sur la ruche.

Canton de Sournia.

NOMS DES COMMUNES.	NOMBRE DE RUCHES.	PRODUIT MOYEN.	TOTAUX.
Sournia.	59	»	»
Arboussols et Marcevol.	28	»	»
Campoussy.	57	»	»
Feilluns.	16	»	»
Pézilla.	80	»	»
Prats.	55	»	»
Rabouillet.	88	»	»
Tarrerach	25	»	»
Trévillach.	51	»	»
Trilla	54	»	»
Vivier	40	»	»
Total	491	4 kil.	1964 kil.

41 cultivateurs d'abeilles possèdent 491 ruches, produisant
1964 kil. de miel ; prix moyen, 1 fr. 20 cent. . . . . 2556 fr

527 kil. de cire ; prix moyen, 3 fr. 981

   Valeur totale. . . . . 5557 fr.

Le produit moyen de chaque ruche est de 6 fr. 79 cent.

Le miel de ce canton est l'un des plus inférieurs
du département. Nous en trouvons les causes dans
les pratiques de son extraction et de son façonnement.

La dépouille complète du miel prive, en hiver,
les abeilles de l'aliment le plus précieux. Les sirops
ou les mauvaises confitures que l'on place dans le
nourrisseur, altèrent la santé de ces insectes ou les
détruisent.

Les ruches y sont trop rapprochées et situées dans

les endroits les plus chauds; elles devraient, de préférence, être placées dans les expositions les plus ombragées.

Il est étonnant que les cultivateurs ne suivent pas les méthodes de M. Thomas Dalbiès, de Rabouillet, qui soigne, avec beaucoup de succès, un rucher considérable et très-bien établi. Nous le prions de répandre sa pratique : c'est un service signalé qu'il rendra à ses concitoyens.

Quels regrets n'éprouve-t-on pas, en voyant une si belle flore aussi mal et aussi peu exploitée.

En faisant connaître celle du canton de Vinça, nous avons énuméré en partie la prodigalité de la flore de Sournia; nous ajouterons que les bois et les prairies de cette zone sont couverts de rosacées, caryophyllées, carduacées, labiées, cistinées.

Dans le rucher de M. Dalbiès, les ruches sont couchées; il a reconnu, après quarante-deux ans d'expérience, qu'elles donnent un produit en miel double de celui des ruches droites : les abeilles arrivent chargées de butin, le déposent sans se fatiguer, et les vapeurs aqueuses ne tombent pas sur les gâteaux.

Dans le courant de mars, M. Dalbiès introduit dans toutes ses ruches une petite quantité d'encens. Cette pratique hygiénique est aussi en usage dans les cantons de Prats-de-Molló, d'Arles; et, lorsque l'hiver est prolongé, on parfume jusqu'à trois fois, avec modération.

M. Dalbiès parfume aussi ses ruches avec de la fumée d'encens, et frotte avec du miel les ruches destinées à recevoir les essaims; il est vigilant à recueillir ceux-ci dès leur sortie; il place la ruche droite, près de l'essaim, et les abeilles ne tardent pas à y entrer. Certains cultivateurs de ce canton ont la mauvaise habitude d'attendre que la soirée arrive pour s'emparer de l'essaim ; ils s'exposent à le perdre, et trouvent alors les abeilles moins traitables.

M. Dalbiès fait la taille par un jour calme, en plein midi, et une journée chaude ; les mouches à miel sont alors parties, et il n'en reste qu'un bien petit nombre dans la demeure.

Il a reconnu que l'exposition en plein midi, mais sous l'ombrage des arbres, est la plus favorable dans cette contrée. Son rucher contient 40 caisses, à l'abri des intempéries des saisons.

Les avantages d'un rucher sont très-grands, et nous sommes surpris d'en savoir le nombre si restreint sur les points où les ruches sont stationnaires.

Canton de Mont-Louis.

NOMS DES COMMUNES.	NOMBRE DE RUCHES.	PRODUIT MOYEN.	TOTAUX.
Mont-Louis.................	52	»	»
Les Angles................	13	»	»
Bolquère.................	»	»	»
La Cabanasse.............	16	»	»
Caudiès.................	»	»	»
Fontpédrouse et Saint-Thomas.	59	»	»
Fontrabiouse.............	»	»	»
Formiguères.............	»	»	»
La Llagonne et Cortals......	»	»	»
Matemale................	»	»	»
Planès........	»	»	»
A reporter	100		»

NOMS DES COMMUNES.	NOMBRE DE RUCHES.	PRODUIT MOYEN.	TOTAUX.
Report	100	»	»
Puyvalador...............	»	»	»
Réal	»	»	»
Saint-Pierre-dels-Forcats.....	»	»	»
Sauto et Fetges...........	25	»	»
La Cassagne...............	52	»	»
TOTAL...........	177	8 kil.	1416 kil.
M. Debatène.............	2	20	40
ENSEMBLE.........	179		1456 kil.

18 cultivateurs d'abeilles possèdent 179 ruches, produisant
1456 kil. de miel; prix moyen, 1 fr. 50 cent.............. 2184 fr.
485 kil. de miel; prix moyen, 3 fr. 25 cent............. 1576

VALEUR TOTALE 5760

Le produit de chaque ruche ordinaire est de 20 fr. 66 cent.
Le produit de chaque ruche de M. Debatène est de 51 fr. 65 cent.

Le miel est blanc et de belle qualité.

La flore de ce canton se recommande par sa richesse, comme celles d'Olette et de Saillagouse. On y trouve en abondance les labiées et rosacées; parmi les légumineuses, le trèfle des Alpes, dit réglisse des montagnes par nos paysans, qui y fleurit en abondance : on le rencontre avec le rhododendron sur toutes les pelouses des hautes montagnes des cantons de Vinça, Prades, Prats-de-Molló et Saillagouse.

On cite dans ce canton comme apiculteurs d'élite : à La Cassagne, M. Blanc; — à Mont-Louis, M. Debatène-Picard, qui fait usage de deux ruches dont nous faisons connaître les avantages, et qui lui fournissent chacune 20 kilogrammes de miel, d'après les renseignements transmis par M. Sans, juge-de-paix (lettre du 15 janvier dernier), et M. Azéma, agent-voyer.

Les ruches ordinaires de ce canton, ont à peu près la dimension de celles du canton de Saillagouse : elles consistent en un tronc évidé de sapin, au lieu du tronc de saule, qui sert ailleurs de demeure aux abeilles.

La prolongation du froid et des neiges rend très-difficile l'apiculture dans les dix communes que nous voyons privées de ruches.

Canton de Saillagouse.

NOMS DES COMMUNES.	NOMBRE DE RUCHES.	PRODUIT MOYEN.	TOTAUX.
Saillagouse et les hameaux Rô et Bedrignans............	185	»	»
Angoustrine...............	12	»	»
Bourg-Madame............	»	»	»
Caldégas et les hameaux Hix et Unzés	48	»	»
Dorres...................	28	»	»
Llo....................	104	»	»
Eyne...................	46	»	»
Nahuja	36	»	»
Osséja	50	»	»
Palau	42	»	»
Latour-de-Carol et Riutort...	170	»	»
Porta.................	40	»	»
A reporter.........	758		»

NOMS DES COMMUNES.	NOMBRE DE RUCHES.	PRODUIT MOYEN.	TOTAUX.
Report	758	»	»
Porté et les hameaux Quès et Carbassol.	40	»	»
Odeillo et Via	92	»	»
Enveigt et Ur	87	»	»
Estavar et Bajanda	58	»	»
Err	26	»	»
Sainte-Léocadie.	55	»	»
Targassonne	54	»	»
Villeneuve-des-Escaldes et Brangouli.	86	»	»
Valcebollère.	29	»	»
Egat	17	»	»
Total.	1282	8 kil.	10256 kil.

140 cultivateurs d'abeilles possèdent 1282 ruches, produisant
10256 kil. de miel ; prix moyen, 1 fr. 50 cent. . . . . 15384 fr.
5418 kil. de cire ; prix moyen, 3 fr. 25 cent. 11118

Valeur totale . . . . 26502 fr.

Le produit de chaque ruche est de 20 fr. 67 cent.

Les tribus qui donnent du mérite au miel de ce canton sont les labiées, salicinées, radiées, chicoracées, saxifragées, caryophyllées, et la nombreuse famille des légumineuses, le rhododendron, le trèfle des Alpes, dit *ragalici*, et les saules, principalement le saule marsaut, dont le tronc, évidé avec soin, sert de ruche. L'abondance des plantes mellifères est telle, que des ruches, sapées à fond, en laissant la cire dans le bas, ont fourni jusqu'à 30 k. de miel dans l'intervalle de 12 à 15 jours.

Généralement, les ruches ont de 1 mètre à $1^m,25$ de hauteur, et de $0^m,35$ à $0^m,40$ de diamètre à la base.

Dans le but d'éviter les froids rigoureux, qui y sont de longue durée, et les chaleurs de l'été, on met deux couvercles en bois à la ruche : l'un est introduit dans le forage de la ruche, et l'autre est appliqué dessus ; on les couronne ensuite avec de grandes ardoises, qui servent de toiture et qui ont une surface de 1 mètre à $1^m,10$, sur $0^m,80$ à $0^m,90$: elles coûtent de 1 à 2 fr.

Dans l'intérieur, on place des baguettes en croix pour soutenir les rayons.

En Cerdagne, les ruches inamovibles sont placées au pied des montagnes, près des habitations ; elles reposent d'ordinaire dans les jardins, sur des socles en pierre, à $0^m,16$ du sol environ.

D'habitude, on fait la dépouille des ruches fin mars.

Le miel est blanc et de qualité supérieure ; il possède au premier degré une saveur et un goût particuliers.

La qualité récoltée dans la vallée de Carol, et surtout celle des hameaux de Qués et de Riutort, n'est pas inférieure à celle du mont Hymette et a plus d'arôme. Nous venons de faire connaître les plantes qui lui fournissent cette supériorité. Le miel se vend 1 fr. 60 c.

Les essaims ne sortent qu'au mois de juin ou de juillet. Lorsque la ruche ne produit qu'un essaim, il compte de 32 à 45.000 abeilles ; lorsqu'elle en fournit deux, le nombre des insectes varie de 4.000 à 12.000.

On vend bien rarement une ruche, dans la crainte que la vente ne porte malheur à tout le rucher, si elle se fait à prix d'argent; mais, cependant, des échanges à valeur égale ont lieu contre des ruches et des brebis.

Lorsque l'hiver est trop prolongé, et que la colonie va manquer de vivres, on place dans le nourrisseur du miel délayé dans du vin, pour donner de la vigueur aux abeilles, ou bien une purée préparée avec la fécule de fèves et du miel. On donne cette nourriture faite avec la fécule de fèves, pour éviter la diarrhée, et avec le miel et le vin pour les mettre à l'abri de la constipation. Les cultivateurs expérimentés n'ignorent pas que ces deux maladies sont le fléau des colonies, et, jusqu'à présent, on ne s'en est pas rendu compte dans la plupart de nos cantons.

On reconnaît parmi les cultivateurs d'élite : à Carol, M. François Marty; — à Rô, M. François Vilatte, qui a l'habitude de réunir les essaims faibles et s'en trouve bien, comme aussi de faire la dépouille au mois de mars. L'on devrait imiter ses pratiques. Le nombre de ses ruches était, l'année dernière, de 80; celui de ses essaims a été, cette année, de 65 : bien peu de cultivateurs ont eu d'aussi bons résultats. La mention honorable qui lui a été décernée dans la séance publique du 26 juillet, ne pouvait être mieux méritée; — à Err, M. Abdon Girvès; — à Villeneuve-des-Escaldes, M. Maury.

La production de la cire est considérable dans ce canton, comme dans celui de Mont-Louis; elle est du tiers de celle du miel, d'après les notes fournies par notre collègue, M. Sauveur de Girvès.

Canton d'Olette.

NOMS DES COMMUNES.	NOMS ET PRÉNOMS DES PROPRIÉTAIRES.	NOMBRE DES RUCHES.	TOTAL DES RUCHES.	DIMENSION DES RUCHES.		PRODUIT		PRIX DU KILO.	TOTAL.
				Longueur.	Largeur.	de chaque ruche.	du miel.		
MANTET.	Arnaud, Jean........	5							
	Calvet, Marc........	8							
	Fillols, Jacques.....	7							
	Ricard, Jean........	4							
	Vidal, Jean.........	5							
	Clastres, Joseph....	6	118	1m,00c	0m,50c	12k	1416k	1f 60c	2265f
	Vidal, Vincent......	3							
	Clastres, Pierre.....	4							
	Calvet, Joseph......	8							
	Calvet, Jean........	11							
	Labrousse, Laurent..	59							
PY.	Pidell, François	5							
	Raspaut, Joseph	5							
	Raspaut, Jules......	5							
	Raspaut, Louis	14							
	Raspaut, Jean	5							
	Roux, Jacques......	5							
	Couronne, Pierre....	4							
	Couronne, Jacques...	2							
	Nou, Joseph	2							
	Molas, Jacques	2							
	Brandoly, Gabriel...	7							
	Calvet, Paul	2	108	1m,00c	0m,35c	8k	964k	1 60	1582f
	Nogués, Joseph.....	4							
	Fournols, Côme.....	5							
	Pacoull, Laurent....	19							
	Alabert, Françoise...	1							
	Pidell, Joseph......	12							
	Pacoull, Martin.....	1							
	Benessac, Paul	5							
	Alabert, Côme......	3							
	Calvet, Côme.......	9							
	Brousi, Pierre......	1							
	Batiste, François....	2							
	A reporter....		226				2280k		5647f

NOMS DES COMMUNES.	NOMS ET PRÉNOMS DES PROPRIÉTAIRES.	NOMBRE DES RUCHES.	TOTAL DES RUCHES.	DIMENSION DES RUCHES.		PRODUIT.		PRIX DU KILO.	TOTAUX.
				Longueur.	Largeur.	de chaque ruche.	du miel.		
	Report		226	»	»	»	2280^k	»	5647^f
Py (suite).	Poujal, Jean	1	65	1^m,00^c	0^m,35^c	8^k	504^k	1 60	806^f
	Pidell, Baptiste.	1							
	Calvet, Baptiste.	4							
	Nou, Côme	5							
	Rabat, Jacques	8							
	Rabat, Jean.	5							
	Rabat, Joseph	2							
	Fournols, Louis.	5							
	Langerma, Jacques. .	5							
	Fournols, Paul.	4							
	Calvet, Jean	6							
	Llopet, Barthélemy. .	2							
	Langerma , Sébastien.	9							
	Llopet, Louis.	6							
	Raspaut, Martin	2							
	Pacoull, Joseph.	4							
Escaro.	Boutet, Joseph.	15	74	0^m,75^c	0^m,40^c	5^k	570^k	1 25	462^f
	Mouné, Paul.	10							
	Bergès, Sébastien. . . .	17							
	Broc, Pierre	15							
	Roig, Jean	10							
	Grau, Joseph.	5							
	Vidal, Pierre.	2							
Serdinya.	Selve.	16	54	»	»	4^k	216^k	1 25	270^f
	Llopet-Barthe	5							
	Soler, François	8							
	Manau, Justin.	15							
	Catbala	5							
	Selve, Joseph.	5							
	Giralt, Pierre	1							
	Lafont, Joseph.	1							
	A reporter. . . .		417				5570^k		5185^f

| NOMS DES COMMUNES. | NOMS ET PRÉNOMS DES PROPRIÉTAIRES. | NOMBRE DES RUCHES. | TOTAL DES RUCHES. | DIMENSION DES RUCHES. | | PRODUIT. | | PRIX DU KILO. | TOTAUX. |
				Longueur.	Largeur.	de chaque ruche.	du miel.		
	Report......	....	417	»	»	»	5570k	»	5185f
JUJOLS.	Galent, Joseph.....	7							
	Broc, François.....	5	22	1m,00c	0m,50c	6k	152k	1 50	189f
	Galent, Paul.......	10							
CANAVEILLES.	Marty, Dominique...	16							
	Pacoull, Jean......	8							
	Fabre, Raphaël.....	2	52	1m,00c	0m,40c	6k	192k	1 50	288f
	Faraic, Joseph......	3							
	Bouc, Joseph.......	5							
THUÈS.	Bordes, Marie......	10							
	Bordes, Joseph.....	50							
	Sidos, Raphaël.....	7							
	Basso, Raphaël.....	18							
	Massiet, Joseph.....	5							
	Poulade, Marc......	8	185	»	»	6k	1110k	1 50	1665f
	Anglade, Marguerite.	51							
	Vigué, Raphaël.....	16							
	Heulme, Joseph.....	22							
	Patit, Jean........	12							
	Sidos, Jean........	6							
AIGUATÉBIA.	Surjus, Félix.......	1							
	Salit, Pierre.......	6							
	Margaill, Jean-Pierre.	3							
	Bonnemaison, Jean..	5	19	0m,80c	0m,50c	4k	76k	1 50	114f
	Santenac, Michel....	5							
	Lafage, Jacques.....	1							
	More, Jean-Pierre...	2							
RAILLEU.	Goze, Pierre.......	4							
	Sicre, Baptiste......	10	25	0m,80c	0m,50c	3k	69k	1 50	103f
	Sicre, Anne-Marguer.	5							
	Bournet, Michel....	4							
	A reporter....		698				4949k		7544f

NOMS DES COMMUNES.	NOMS ET PRÉNOMS DES PROPRIÉTAIRES.	NOMBRE DES RUCHES.	TOTAL DES RUCHES.	DIMENSION DES RUCHES.		PRODUIT		PRIX DU KILO.	TOTAUX.
				Longueur.	Largeur.	de chaque ruche.	du miel.		
	Report	. . . .	698	»	»	»	4949k	»	7544f
Sansa.	Durand, Jean	8	10	0m,75c	0m,50c	5k	50k	1 50	45f
	Badie, François	2							
Talau.	Sardone, Jean	4	12	0m,85c	0m,55c	4k	48k	1 50	74f
	Trogno, Sébastien . . .	3							
	Batlle, Sauveur	7							
Oreilla.	Margaill, Michel	25	25	0m,70c	0m,50c	5k	69k	1 50	105f
Olette.	Porra, Marie	14	44	0m,80c	0m,50c	4k	176k	1 50	228f
	Anglade, André	5							
	Molas, Joseph	7							
	Domenach, André . . .	5							
	Batlle, Pierre	4							
	Quantin, Jean	4							
	Raspaut, Jacques	7							
	Molat, Antoine	2							
Saborre.	Fabre, Jean	14	71	1m,00c	0m,35c	5k	555k	1 50	461f
	Vergès, Raphaël	7							
	Vidal, Joseph	5							
	Forgues	2							
	Parent, Eugène	2							
	Lavila	5							
	Melchior, Gaudérique.	5							
	Melchior, Pierre	1							
	Llopet, Martin	2							
	Arnaud, Pierre	5							
	Berjoan, Joseph	27							
	Sola, Jean	2							
	A reporter		858				5627k		8455f

| NOMS DES COMMUNES. | NOMS ET PRÉNOMS DES PROPRIÉTAIRES. | NOMBRE DES RUCHES. | TOTAL DES RUCHES. | DIMENSION DES RUCHES. | | PRODUIT | | PRIX DU KILO. | TOTAUX. |
				Longueur.	Largeur.	de chaque ruche.	du miel.		
	Report	....	858	»	»	»	5627k	»	8455f
NYER.	Prats, Eulalie	5							
	Labrousse, Jacques ..	52							
	Fillols, Pierre	4							
	Bordie, Paul	12							
	Sirvan, Jean	5	141	1m,00c	0m,40c	9k	1269k	1 60	2050f
	Laporte, Pierre	2							
	Labrousse, Laurent..	21							
	Felix, Pierre	16							
	Parent, Laurent.....	28							
	TOTAL........		999					6896k		10485f

NOTA. Nous avons porté, dans la commune de Nyer,
M. Jacques Labrousse, qui devrait figurer dans celle de Py.
M. Pierre Fillols, de Nyer, qui figure comme possédant
4 ruches, en possède 35.

150 cultivateurs d'abeilles possèdent 999 ruches, produisant
6896 kil. de miel.................................... 10485 fr.
1594 kil. de cire; prix moyen, 5 fr. 25 cent............. 4550

VALEUR TOTALE..................... 15015 fr.

Le produit moyen de chaque ruche est de 15 fr. 05 cent.

La flore se compose d'innombrables plantes aromatiques. Les abeilles se portent sur les labiées, caryophyllées, rosacées, légumineuses.

Dans quatre communes seulement, le miel laisse

à désirer sous le rapport du goût et de la blancheur; dans les autres communes, toutes les qualités lui sont acquises, et le font placer au premier rang.

Le miel de Py, Mantet et Nyer, a une réputation de supériorité qui le fait rechercher pour les tables de luxe. Dans les environs de ces communes, se trouvent en grand nombre le rhododendron, les trèfles et des bruyères.

Dans une partie de ce canton, comme dans d'autres contrées montagneuses, le nombre des ruches n'augmente pas. Ce résultat est occasionné par les neiges et les pluies multipliées; l'humidité séjournant dans les anfractuosités des rochers où sont placées les ruches, provoque des maladies. Alors les populations devenant faibles ont à souffrir des rigueurs de la saison; viennent ensuite, au printemps, les variations atmosphériques, qui multiplient les maladies.

Pourquoi ne transporte-t-on pas les ruches, pendant la mauvaise saison, dans des régions plus favorables, comme le pratiquent les apiculteurs éclairés?

Pourquoi, dans le courant de l'automne, ne marie-t-on pas les ruches faibles à d'autres qui ont une bonne population et bien approvisionnées, et qui, proportion gardée, consomment moins, ce qui leur permet de résister aux froids les plus rigoureux? La dimension des ruches ne comporte-t-elle pas d'y réunir jusqu'à trois essaims faibles?

Veut-on encore éviter les maladies? il faut laisser aux abeilles le miel nécessaire à leur alimentation, et ne pas leur donner des substances qui leur soient nuisibles.

L'état de la température devient-elle variable, ce

qui arrive fréquemment au printemps? il convient d'empêcher la sortie des abeilles, en fermant les issues.

Une plus grande surveillance doit être exercée pour prévenir les dégâts des rats, des fouines et des chats sauvages, qui, après avoir rongé les vieilles ruches, donnent un libre accès à d'autres insectes malfaisants, à l'humidité, et sont la cause de divers autres inconvénients désastreux.

Si le pollen est avarié par suite de la confection vicieuse des ruches, apportez-leur les perfectionnements signalés, ou mieux encore adoptez les ruches à quatre compartiments, qui vous fourniront trois bonnes récoltes.

Le sieur Laurent Labrousse, de Mantet, fait preuve d'expérience dans la direction de ses ruches : il sait les multiplier. L'époque de la floraison arrivée, il les transporte aux endroits les plus favorables ; il les laisse à la montagne jusqu'à l'arrivée des froids, et, alors, il descend les ruches et les place dans la contrée où le climat est plus doux, à Fuilla et à Villefranche.

Les ruches peuplées se vendent rarement. Lorsque la vente a lieu, on les cède à 8, 12 et 15 fr.

Dans les diverses comunes de ce canton, on emploie la ruche uniforme. La différence des dimensions nous a engagé à faire connaître la production en miel de chacune d'elles. Quant à la production de la cire, elle est à peu près du cinquième.

La récolte se fait du 10 au 20 août. La sortie des essaims a lieu en juillet, et elle se prolonge jusqu'au 15 août.

ARRONDISSE-MENTS.	CANTONS.	NOMBRE des RUCHES.	TOTAL GÉNÉRAL des RUCHES.	MONTANT du MIEL.	TOTAL GÉNÉR DU MIE
ARRONDISSEMENT DE PERPIGNAN.	Perpignan (Est)...............	551		2278^k	
	Perpignan (Ouest...............	182		660	
	Rivesaltes......................	2655		12569	
	Millas.........................	968	7692	5595	52289
	Thuir..........................	895		2509	
	Saint-Paul.....................	856		5344	
	Latour.........................	1607		7754	
ARRONDISSEMENT DE CÉRET.	Céret..........................	1170		5455^k	
	Argelès-sur-Mer................	2050	5665	8956	23619
	Arles-sur-Tech.................	1034		4598	
	Prats-de-Molló.................	1431		6632	
ARRONDISSEMENT DE PRADES.	Prades.........................	1552		6254^k	
	Vinça..........................	1129		4724	
	Sournia........................	491	5452	1964	51550
	Olette.........................	999		6896	
	Mont-Louis.....................	179		1456	
	Saillagouse....................	1282		10256	
	TOTAL des ruches des dix-sept cantons...	18789			87458

Nous devons y ajouter les ruches qui, étant isolées, n'ont pas été comprises dans le relevé, et dont le nombre s'élève au moins à............. 300 » »

Celles provenant des essaims de cette année, des cantons d'Olette, Mont-Louis, Saillagouse et d'une partie du canton de Prades qui, étant sortis en juin, n'ont pu nous être signalées et qui doivent être portées à........................ 740 » »

La moyenne du produit de ces quatre cantons étant de 6 kil. 7 hect., nous trouvons encore une production de miel, sur ces 1040 ruches, de.... » » 6968

Ces 6968 kil. de miel, à 1 fr. 50 c., donnent une valeur de........................ » » »

Plus 1855 kil. de cire, ci................. » » »

Valeur de cette cire, à 5 fr. 25 c. le kil., ci.. » » »

| | TOTAL GÉNÉRAL DES TROIS ARRONDISSEMENTS. | 19829 | | | 94406 |

GÉNÉRALE.

VALEUR du MIEL.	VALEUR GÉNÉRALE DU MIEL.	PRODUIT de LA CIRE.	TOTAL GÉNÉRAL de LA CIRE.	MONTANT de LA CIRE.	VALEUR TOTALE de LA CIRE.	PRODUIT moyen de chaque RUCHE.	NOMBRE des CULTIVATEURS.	TOTAL GÉNÉRAL des CULTIVATEURS.
5447f		227k		757f		7f 55c	78	
990		66		215		6 62	26	
19790		1590		5167		9 57	108	
5212	48854f	677	4670k	2200	15286f	7 65	49	521
2828		520		1040		4 18	62	
5016		665		2161		8 58	66	
11601		1125		5766		9 56	152	
4419f		551k		1055f		4f 67c	176	
11642	50411f	1218	5749k	5958	12096f	7 68	156	552
5729		860		2795		8 24	84	
8624		1520		4290		9 05	116	
9551f		1247k		4052f		9f 91c	129	
6615		690		2242		7 84	90	
2556	46375f	527	7561k	981	24499f	6 79	41	548
10485		1594		4550		15 03	150	
2184		485		1576		20 67	18	
15584		3418		11148		20 67	140	
	125658f		15980k		54881f			1601
»	»	»	»	»	»	»	»	»
»	»	»	»	»	»	»	»	»
»	»	»	»	»	»	»	»	»
»	10452f	»	»	»	»	»	»	»
»	»	»	1855k	»	»	»	»	»
»	»	»	»	»	6028f	»	»	»
»	156090f	»	17855k	»	57900f	»	»	1601

5

LES ABEILLES.

Nous allons tracer des notions succinctes sur l'his-
toire naturelle des abeilles, persuadé qu'elles seront
accueillies avec intérêt par nos cultivateurs.

Chaque réunion ou famille d'abeilles logée dans
une ruche, s'appelle *essaim*, et se compose de trois
sortes de mouches : d'une femelle unique ou mère,
dite *reine;* d'un certain nombre de mâles; d'un plus
grand nombre d'abeilles sans sexe, désignées sous le
nom d'*ouvrières*.

La mère se distingue facilement, à son corps plus
développé, à ses ailes ne recouvrant pas l'abdomen ;
elle est destinée à multiplier et à conserver l'espèce.

Pendant ses deux premières années, ses pattes et son
abdomen ont une couleur jaune doré, qui diminue
plus tard. Son aiguillon est plus long que celui des
ouvrières; elle ne l'emploie que contre ses rivales.

Cinq à six jours après sa sortie de l'alvéole, la jeune
femelle va dans les airs pour être fécondée ; elle rentre
dans la ruche une demi heure après, et parcourt les
rayons, escortée de plusieurs abeilles, en examinant
les cellules : il semblerait qu'elle veut s'assurer si elles
sont en bon état pour recevoir les œufs.

Deux jours après, elle commence la ponte : elle
dépose les œufs, qui fourniront les mères-abeilles, dans
des cellules à forme ovale, placées en-dehors des
gâteaux ; les œufs des mâles, dans des cellules moins
grandes, et, enfin, les œufs des abeilles ouvrières dans
les cellules les plus petites.

La ponte se prolonge, dans nos contrées, jusqu'à
l'arrivée de la mauvaise saison. La grande ponte a lieu

depuis le mois de mars jusqu'au mois de juin ; à cette époque, la mère-abeille donne 200 à 300 œufs par jour : sa fécondité est prodigieuse ; elle peut fournir jusqu'à 60.000 œufs par an.

Selon le degré de chaleur de la ruche, l'œuf d'ouvrière produit l'insecte parfait au bout de vingt à vingt-deux jours ; celui de mâle, de vingt-cinq à vingt-sept jours, et l'œuf de femelle donne une mère à l'état d'adulte, au bout de seize jours seulement.

Les soins les plus affectueux sont prodigués à la mère par les abeilles dans l'intérieur de la ruche : les unes la brossent ; d'autres lui présentent, au bout de leur trompe, des gouttelettes de miel.

Le mâle, appelé aussi faux-bourdon, est plus gros et plus noir que l'ouvrière. Lorsqu'il a accompli ses fonctions, qui consistent à féconder la reine, et que les essaims sont partis, étant à charge à la colonie, il est massacré impitoyablement : œufs, larves, nymphes ne sont pas épargnés, la destruction est complète ; elle a été observée sur divers points du département. Beaucoup de cultivateurs avaient attribué cette destruction à des maladies : les mâles reparaissent à la suite de la ponte du printemps.

Une loi rigoureuse semble obliger les abeilles à se séparer encore de celles qui sont mal conformées ; elles ne les détruisent pas, mais elles les rejettent.

Les travaux de plusieurs sortes, qui doivent être accomplis à l'intérieur et à l'extérieur de la ruche, sont dévolus aux abeilles ouvrières. Les unes vont ramasser les vivres et les matériaux de construction, ce sont les *cirières* ; les autres, sont chargées du couvain, et remplissent ces devoirs maternels avec un dévoûment sublime, ce sont les *nourricières*.

Parmi les ouvrières, certaines sont gardiennes, et veillent nuit et jour, à l'entrée de la ruche, à la sûreté générale. Lorsqu'elles reconnaissent quelque insecte suspect, elles font entendre des sons pour annoncer sa présence. Chacun de ces sons paraît avoir une signification particulière. Elles ne laissent la libre entrée de la ruche qu'aux abeilles qui apportent du butin ; les autres doivent communiquer les sons et choquer les antennes, sans cela les gardiennes les percent de leurs dards. Lorsque l'ennemi est en nombre, elles appellent à leur secours les ouvrières qui sont à l'intérieur ; quelques-unes sont chargées de battre le rappel (expression consacrée). Dès les premiers jours, elles appellent les butineuses à la récolte ; en cas d'évènement, elles tiennent la population en éveil. A côté d'elles, se trouvent les ventilatrices, dont le devoir est de renouveler l'air, en agitant vivement leurs ailes, afin d'établir un courant qui, introduisant l'air pur de l'extérieur, chasse l'air vicié de l'intérieur. Ces fonctions sont bien pénibles lorsque nos ruches de la plaine se trouvent exposées aux rayons ardents du soleil, et placées sur des dalles ou des briques à proximité du sol.

L'ouvrière vit un an environ ; elle remplit ses attributions, à l'aide de sa trompe, de son estomac, de ses mandibules et de ses pattes. Son organe le plus important, est son double estomac : la première partie sert de poche pour recevoir le miel ; la seconde, sert, à la fois, à élaborer la cire et à digérer la nourriture.

Nous allons voir en fonctions ces insectes industrieux. A peine entré dans la ruche, l'essaim est groupé à la partie supérieure ; au milieu, se trouve la mère. Bientôt, les abeilles se détachent, et vont se livrer à leurs travaux; on entend des sons, qui feraient croire à des ordres donnés.

Les cirières sont à l'instant à l'ouvrage, et, après avoir pétri et élaboré la cire, sous forme de ruban, la première venue la colle à la voûte de la ruche. La provision épuisée, une autre la remplace; peu à peu un plus grand nombre arrive, et l'édifice avance rapidement. Sa perfection est le partage des vieilles ouvrières; l'édifice est bientôt complet; les cellules sont achevées.

Pendant ce temps, les butineuses rentrent dans le calice des fleurs, pour récolter le pollen, qu'elles fixent, en boules de toutes nuances, à l'espèce de cuilleron qui existe à leurs jambes de derrière; elles retirent ensuite, avec leur trompe, la matière sucrée qui se trouve dans le fond du calice, et dont elles remplissent leur vésicule. D'autres reviennent, les pattes chargées d'une substance résineuse, appelée propolis, qu'elles recueillent sur les arbres, et qui leur sert à fermer les fentes et les trous, et à fixer les rayons. La provision est reçue par les ouvrières de l'intérieur, qui la déposent dans des cellules *ad hoc*. Le jour et la nuit, les abeilles sont à l'ouvrage. C'est au moyen de leurs antennes, qu'elles se dirigent dans l'obscurité, pour accomplir les travaux qui excitent notre admiration.

Le pollen qui se trouve placé sur divers points et surtout dans les rayons du centre de la ruche, est nécessaire à la nourriture du couvain et à la prospérité de la colonie. Comme la mauvaise confection des ruches donne lieu à des vapeurs aqueuses, qui peuvent altérer le miel, il est urgent de modifier les ruches imparfaites.

ESSAIMAGE.

Les essaims sortent quelquefois à la dernière quinzaine de mars ; mais, ordinairement, cette sortie a lieu en avril, mai et juin, suivant l'état de la température des divers cantons. Les gros essaims sortent de neuf heures du matin à une heure de l'après-midi ; — les petits, de une heure à cinq heures du soir.

La force des essaims des ruches ordinaires est de 2 kilogr. et demi, rarement de 3, et se composent de 20 à 24.000 abeilles environ. Les petits essaims sont ordinairement composés de 3 à 6.000 abeilles.

On réunit les essaims lorsqu'ils sont peu nombreux ; il en sort assez souvent deux de la même ruche, à quelques heures d'intervalle. Les essaims de la Cerdagne sont considérables, et pèsent de 4 à 5 kilogr. : notre collègue, M. Sauveur de Girvès, en a eu du poids de 6 kilogram., d'une vigueur remarquable, remplissant la ruche de cire et de miel dans l'espace de dix à douze jours. — Nous avons fait connaître les dimensions gigantesques des ruches de cette contrée, et la puissance de sa flore.

Beaucoup de cultivateurs ne sont pas assez vigilants à l'époque de l'essaimage ; il s'en suit que l'essaim part sans être aperçu. Voici les indices de sa prochaine sortie : lorsque la population est forte ; quand les mâles commencent à paraître en nombre, et qu'ils ont le vol assuré, on les voit voltiger au soleil, de dix heures du matin à trois heures de l'après-midi, et on entend, dans l'intérieur de la ruche, un battement d'ailes très-prononcé. La sortie est prochaine, lorsque les abeilles font la barbe, c'est-à-dire, lorsqu'on les voit, pendant quelques jours, groupées aux environs de la ruche ou aux parois extérieures, et que les jeunes abeilles voltigent autour.

Bien peu d'abeilles s'éloignent le jour de la sortie : le petit nombre, qui est allé à la picorée, n'entre pas dans la ruche; quelques-unes vont çà et là, comme si elles étaient en quête d'une nouvelle demeure; on en remarque d'autres qui paraissent très-agitées. Ce jour-là, les gardiennes sont en petit nombre à l'entrée de la ruche; elles paraissent avoir oublié leur mission. La mère sort, et va se placer sur l'un des rebords de la caisse, et fait entendre des sons très-vifs; les abeilles sortent aussitôt en masse et en tumulte, environnent la reine, et, formant l'essaim, elles prennent leur vol, après avoir tournoyé au-dessus de la ruche, pour aller, le plus souvent, se fixer en grappe sur une branche d'arbre.

Quelques cultivateurs ont la sotte habitude de frapper sur des casseroles ou sur des chaudrons, pour arrêter l'essaim : si on veut le contenir, il faut lui jeter du sable, de la terre, de la cendre, et au besoin tirer un coup de fusil à poudre. D'autres, attendent l'arrivée de la nuit pour le saisir, alors qu'il est déjà fixé; pendant ce temps l'essaim part, et le plus souvent on le perd de vue.

Lorsque l'essaim est placé sur une branche, on lui présente la ruche, l'ouverture en haut : les abeilles y pénètrent; quelquefois la branche est détachée et secouée dans l'intérieur, où les insectes se logent. Si la branche est élevée, on frappe dessus pour les recevoir sur une toile qu'on a placée sur le sol. Certains cultivateurs, peu craintifs, saisissent les mouches à pleines mains, et les jettent dans la ruche.

Après avoir quitté la ruche-mère, l'essaim y rentre parfois. A cette occasion, nous rapporterons le fait suivant : « M. André Rozat, apiculteur distingué du canton de Vinça, ayant observé jusqu'à trois fois la sortie du même essaim, eut l'idée de recueillir une jeune mère et de la placer auprès : les abeilles ne tardèrent point à la reconnaître et à se grouper à l'envi autour d'elle. L'agitation cessa à l'instant; M. Rozat s'empressa de présenter une ruche, et toutes les abeilles y pénétrèrent. » Avant la sortie de l'essaim, toutes les mouches ont soin de se munir de provisions.

Nous avons fait connaître le prix de vente des essaims et signalé, à ce sujet, l'idée superstitieuse de la plupart des apiculteurs des cantons de Saillagouse et de Mont-Louis.

Lors de la sortie de l'essaim, les ouvrières qui avaient été butiner pendant l'essaimage, rentrent dans la ruche-mère, et se mettent avec ardeur au travail; les jeunes abeilles mâles et ouvrières reparaissent en grand nombre, et, peu de jours après, la colonie est assez puissante pour en fournir une nouvelle. Une jeune mère est bientôt à sa tête, et l'essaim prend son vol par un beau soleil; deux ou trois jours après, la jeune mère est en état de donner une nouvelle population.

Lorsque plusieurs femelles se rencontrent dans la même ruche, elles se livrent un combat acharné, jusqu'à ce que l'une d'elles en reste seule maîtresse.

Si le mauvais temps empêche la sortie de l'essaim pendant plusieurs jours, la mère-abeille va détruire les jeunes femelles, qui, impatientes de sortir, font entendre le chant; mais l'essaimage n'est que retardé. S'il reste encore de jeunes femelles, les nourricières empêchent quelquefois leur destruction, en fortifiant d'un autre couvercle de cire l'alvéole qui les renferme, et en leur fournissant du miel à travers une légère ouverture que pratiquent les captives.

Lorsqu'il n'existe plus de couvain de jeune reine, les ouvrières agrandissent une cellule; choisissent une nymphe, qu'elles nourrissent plus abondamment, et la transforment en mère-abeille, dont elle est en état de remplir ensuite toutes les fonctions.

Beaucoup d'apiculteurs voient certaines ruches essaimer plutôt que les leurs, ou donner des essaims plus volumineux et des récoltes plus abondantes. Pour obtenir les mêmes résultats, ils doivent enlever les vieux gâteaux qui engendrent les fausses-teignes, conserver le pollen, éloigner les vapeurs aqueuses des ruches, ne laisser jamais les abeilles sans provisions, avoir des populations fortes, une mère vigoureuse et les ruches en bon état. Si une population est réduite à 10 ou 12.000 abeilles, elle peut à peine suffire aux travaux intérieurs: elle ne peut fournir du miel, puisque celui qu'elle possède ou qu'elle va chercher, est nécessaire à sa subsistance; mais si on a eu la précaution, au moment où les beaux jours arrivent, et que la campagne se couvre de fleurs, de marier les populations faibles, on voit les abeilles faire quatre ou six voyages par jour, et apporter, en douze ou quinze jours, jusqu'à 30 kil. de miel; et comme la moitié seulement suffit aux ouvrières de l'intérieur, et plus tard au couvain, on trouve encore un surcroît de 15 kil. Ce n'est pas là le seul avantage que l'on obtient: avec l'abondance des provisions et des abeilles nombreuses, toutes les cellules nécessaires à la ponte de la mère seront édifiées, et celle-ci pourra y déposer jusqu'à 300 œufs par jour, et les essaims seront alors de 20 à 30.000 mouches.

RÉUNION DES ESSAIMS.

Pour réunir deux essaims nouvellement sortis, si l'un d'eux est déjà dans la ruche, certains cultivateurs rapprochent cette ruche de l'autre essaim, pour l'y faire entrer. Après la réunion, quelques-uns ont le soin, afin d'éviter le combat, de jeter sur les abeilles un peu de miel, de la farine tamisée ou quelques gouttes de vin; d'autres, au contraire, font tomber toutes les abeilles sur un morceau de toile, même celles qui sont déjà logées dans une ruche. L'on voit alors ces mouches se grouper auprès des mères; on fait choix de l'une d'elles; l'autre est enlevée; la ruche qui est destinée à l'essaim, est rapprochée, et les abeilles vont s'y établir peu à peu.

Des cultivateurs moins patients, prennent à pleines mains toutes les abeilles, et les placent avec précaution dans la ruche: d'ordinaire, elles s'y logent sans combat.

Si l'on veut réunir avec succès, après l'essaimage, deux ruches faibles, la ruche est d'abord frottée avec de la citronnelle, d'autres plantes odorantes ou, parfois, parfumée avec de l'encens. La réunion ayant eu lieu, on a, le plus souvent, l'attention de jeter sur les abeilles, comme nous l'avons dit plus haut, un peu de miel ou du vin ou de la farine.

Il ne faut pas négliger de fournir du miel aux abeilles, si le mauvais temps arrive deux jours après que l'essaim est entré dans la ruche, parce que, ne pouvant sortir, elles y mourraient de faim. Au printemps, lorsque la campagne est riche en fleurs, s'il s'agit d'augmenter la population d'une ruche, celle-ci est mise à la place d'une autre bien peuplée; et ausitôt qu'on s'est assuré qu'elle s'est pourvue des abeilles qui reviennent de la picorée, on l'enlève pour la porter à distance, et la première ruche est remise à sa place. Voilà les moyens bien simples employés dans nos contrées. Des cultivateurs opèrent aussi par tapottement. Pour faire passer une colonie d'une ruche dans une autre, ou pour la rendre plus peuplée, ils commencent à déplacer les abeilles avec un peu de fumée, et finissent l'opération en frappant, par intervalles, sur la ruche.

PILLAGE DES ABEILLES.

Lorsque les abeilles sont privées de nourriture; que la campagne ne peut leur en fournir, et que la malpropreté, les fausses-teignes ou d'autres insectes malfaisants, se trouvent en grand nombre dans leur habitation, elles la désertent. Cela arrive aussi lorsque la population est très-faible : alors la paresse s'en empare, et, forçant l'entrée des autres ruches, les abeilles vont s'y livrer au pillage. L'absence de la mère les force aussi à la désertion, à l'époque où il n'y a plus de couvain.

L'essaimage passé, on reconnaît facilement qu'une ruche est livrée au pillage, lorsqu'on entend dans l'intérieur et aux environs un fort bourdonnement, et que les mouches ennemies sortent en grand nombre gorgées de miel.

Ce désordre constaté, il faut se hâter de boucher les ouvertures des ruches et de les déplacer si c'est nécessaire, pour en empêcher le pillage. Le désordre ayant cessé, si la mère est morte, la population est réunie à une autre.

MALADIES.

Deux maladies principales attaquent les abeilles. La plus dangereuse est la dyssenterie, qui cause parfois la ruine d'une partie du rucher : elle est occasionnée par la mauvaise nourriture donnée aux abeilles pendant l'hiver ; par l'altération du pollen, dont la moisissure peut provenir encore des vapeurs qui tombent en eau sur les gâteaux, et de la mauvaise habitude, surtout, de placer près du sol les ruches dans des lieux humides. Si le printemps est froid et pluvieux, le pollen se trouve altéré ; le miel s'en ressent : il est aqueux, et la dyssenterie se déclare. Il est aisé de juger, alors, combien il est essentiel d'y porter au plutôt remède, à une époque surtout où les abeilles rendent les plus grands services, et peuvent toutes en être atteintes.

Les abeilles affectées de la dyssenterie, lancent leurs excréments dans l'habitation ; les rayons en sont couverts ; le bas de la ruche en porte les traces ; la peste est au milieu de la colonie. Pour en détruire les effets, il faut soulever un peu la ruche par le bas, afin d'en chasser l'air vicié, enlever les rayons salis, et nettoyer la ruche ; puis faire cuire du miel avec un peu de vin vieux, à consistance de sirop, et le donner pour nourriture sur un plat, où l'on mettra des brins de paille ou de petits morceaux de bouchon, pour que les abeilles ne s'engluent pas ; s'il y a des rayons vides, il faut verser dessus cette composition.

L'autre affection, est la constipation. Les abeilles en sont attaquées aux approches du printemps. Il arrive assez fréquemment que la pluie ou le froid de la saison empêchent leur sortie pour rejeter leurs excréments; leur température baisse alors, parce qu'elles n'absorbent plus de miel pour alimenter leur machine animale; les excréments durcissent dans leur corps, et la mort en est la suite. Cette maladie est moins commune dans les ruches en liége : on éloignerait l'une et l'autre, si, pendant les journées froides et pluvieuses, l'on nourrissait la population avec une purée faite avec du miel et de la fécule de fèves, pratique adoptée avec succès dans le canton de Saillagouse.

Les larves et les nymphes mortes ou pourries, lorsque les abeilles ouvrières ont dû leur donner du pollen avarié ou d'autres mauvaises nourritures, occasionnent encore une espèce de peste, portant principalement sur le couvain, qui avorte, et qu'on appelle ainsi faux couvain. On doit nettoyer la ruche avec soin, et enlever les gâteaux qui sont infectés.

Dans nos contrées, le vertige, chez les abeilles, est peu connu.

Toutes ces maladies proviennent encore des mauvaises substances sucrées, qu'un grand nombre de cultivateurs fournissent aux abeilles. Lorsque la mère est malade, elle donne une ponte viciée; en effet, la plupart des abeilles naissent alors infirmes.

INSECTES, OISEAUX ET QUADRUPÈDES
NUISIBLES.

Parmi les insectes nuisibles aux mouches à miel, nous reconnaissons dans le département :

Les fourmis, surtout la grosse fourmi, que nos paysans appellent *rabaxi (formica truncata*, LAMARK.).

Dans le genre phalènes, papillons nocturnes, nous trouvons le paon de nuit, appelé en catalan *brouxe*, de couleur brunâtre, dont les antennes sont très-longues : il pénètre dans les ruches pendant l'obscurité pour manger le miel, et jette le trouble dans la ruche, en se débattant avec ses ailes contre les habitants.

Le sphinx tête de mort *(atropos)*, papillon crépusculaire, est bien plus dangereux encore. Après son entrée dans la ruche, son bourdonnement plonge toute la colonie dans la plus grande frayeur; et, lorsqu'il se sent vivement attaqué par les abeilles, il fait entendre un son qui excite, parfois, un tel désordre que les abeilles finissent par se battre entre elles, et le petit nombre qui survit abandonne la ruche.

Pour empêcher l'entrée des papillons, il faut rétrécir les ouvertures; et dans le cas où elles seraient nécessaires à la ventilation, on y appliquera de la toile métallique. L'instinct des abeilles les porte assez souvent à boucher elles-mêmes les ouvertures.

Les scarabées s'introduisent à leur tour dans les ruches pour attaquer le miel; mais les mouches savent se défaire de cet ennemi : elles l'emprisonnent avec la propolis. Ce fait, déjà observé dans nos contrées, a été récemment constaté à Ille et à Perpignan. M. Laurent Eychenne a vu les abeilles pousser les scarabées vers le bas de la ruche, où se trouvait la matière résineuse, et ils y étaient bientôt attachés. On a aussi observé, à Vinça, que d'autres insectes, même des sphinx, étaient emprisonnés dans cette matière.

Parmi les vraies-teignes, nous reconnaissons l'espèce désignée sous le nom de teigne de la cire *(Ph. cerella)*. Ce papillon est un des plus dangereux ennemis des abeilles.

Ces petits insectes dénotent leur présence par des grains noirs, qui sont leurs excréments, et que l'on aperçoit sur le tablier, dans l'intérieur de la ruche, de même que l'on peut juger de l'étendue de leurs dégâts par la cire qui, réduite en poudre, obstrue parfois le passage des abeilles, à tel point qu'elles ne trouvent pas d'issue.

Aussitôt que l'on a remarqué ces traces, il faut se hâter de retrancher les rayons envahis; et si la généralité était attaquée, il faut diriger la population dans une autre ruche.

Le lézard gris, les salamandres, même les couleuvres, dans nos contrées montagneuses, sont les ennemis des abeilles.

L'on a encore observé, près de nos cours d'eau, que les crapauds les prennent à leur passage.

Parmi les oiseaux, les plus meurtriers sont le rouge-gorge, en catalan *pit-roig*, et les mésanges, principalement l'espèce que nos paysans connaissent sous le nom de *xinxarra*. Cet oiseau fait une grande destruction d'abeilles en été, à l'époque des nichées, nourrissant à la fois jusqu'à quinze petits. La mésange établit, d'habitude, merveilleusement, son nid dans le creux des arbres.

Le guêpier, autre oiseau que nos éleveurs appellent *abeillerole*, en détruit énormément; heureusement, il n'est de passage qu'au printemps.

Parmi les quadrupèdes, nous citerons, comme étant très-friands du miel, le chat-sauvage, la fouine et la genette, que nos montagnards nomment indistinctement *gat-fagi*. Ils rongent les vieilles ruches avec leurs dents et leurs pattes.

TAILLE DES RUCHES.

La meilleure méthode consiste à faire la taille deux fois par an, comme cela se pratique généralement chez nous. Nous avons fait connaître les moyens employés pour opérer cette dépouille dans le canton de Vinça. Nous ne saurions assez recommander de laisser, lors de la taille d'automne, le miel nécessaire à la nourriture des abeilles pendant la saison d'hiver : les apiculteurs en seront dédommagés, au printemps, par une récolte plus abondante et des mouches plus nombreuses.

Notre confrère, M. Descatllar, nous a fait part d'un procédé fort singulier, qu'il a vu employer plusieurs fois avec succès dans l'Ampourdan, pour l'extraction des gâteaux, et qui consiste à imprégner sa figure et ses mains de son urine. Par ce moyen, on peut les enlever impunément, les abeilles, chassées par l'odeur ammoniacale, s'éloignant de l'opérateur.

FAÇONNEMENT DU MIEL.

Notre miel étant composé avec le suc des fleurs qui lui fournissent les qualités qui le caractérisent, il est essentiel de suivre les bonnes pratiques pour les lui conserver.

Voici celles qui sont suivies dans la généralité de nos cantons, pour son façonnement : les rayons brunâtres qui ont servi à l'éducation du couvain, ou qui renferment du pollen, sont façonnés à part ; ensuite les autres gâteaux sont placés sur des tamis en toile métallique, et dans la Cerdagne, sur des baquets à claire-voie, pour laisser couler le miel vierge. Comme il reste encore une grande partie de miel dans les gâteaux, on les porte sous le pressoir ; mais la qualité ainsi extraite, est moins belle.

Nous allons indiquer une nouvelle méthode, qui doit donner plus de valeur à notre beau miel, destiné aux tables de luxe. On enlève avec un couteau les lames de cire qui ferment les alvéoles des gâteaux ; on place ceux-ci sur des claies d'osier, etc., et on les soumet à une douce chaleur ; le miel vierge s'écoule bientôt goutte à goutte. Lorsqu'ils n'en fournissent plus, on les brise ; on les laisse égoutter de nouveau, et on élève un peu plus la température ; on sépare alors le rouget et le couvain qu'ils renferment, et on les soumet à une pression graduée. Par ce moyen, tout le miel finit par s'écouler. S'il est limpide, on ne lui fait subir aucune espèce de purification ; mais s'il est trouble, on le laisse reposer pendant quelque temps ; puis on l'écume et on le décante.

Le miel est recueilli dans des pots en terre, bien vernissés ; il est recouvert de feuilles de papier, et placé ensuite dans un endroit sec et frais, où il se conserve long-temps, même à l'époque des fortes chaleurs.

FAÇONNEMENT DE LA CIRE.

Après qu'on a extrait le miel des rayons, la cire est mise dans un sac de toile claire, et placée dans un chaudron à demi rempli d'eau. L'ébullition est conservée par le moyen d'un feu doux ; le sac est maintenu au fond de l'eau avec une spatule. A mesure que la cire fond, elle s'élève à la surface ; elle est retirée avec une grande cuiller, et plongée dans un vase rempli d'eau tiède, pour la séparer entièrement des matières étrangères. Le sac est mis sous le pressoir; la cire est ensuite coulée dans des plats, pour en former des pains de 20 à 30 centimètres de diamètre et de 2 à 10 centimètres d'épaisseur.

On a donné, cette année, au pain une forme plus séduisante, en versant la cire dans un moule en fer-blanc, espèce de carré long de 36 à 40 centimètres, sur 8. Elle se vend 3 fr. 50 c. le kilogramme, tandis que le prix des autres formes est de 3 francs à 3 fr. 25 c.

Sa couleur est canari tendre ou jaune orangé, plus ou moins foncé.

RUCHES.

Les ruches généralement en usage dans nos contrées, sont celles adoptées par nos aïeux. Elles ont été conservées à cause de leur simplicité, de leur légèreté et de la facilité du transport, une grande partie étant dirigée, à cet effet, de la plaine sur la montagne. Ces avantages ne doivent pas faire méconnaître, toutefois, les graves inconvénients qu'elles présentent; et le cultivateur doit savoir qu'il existe des ruches pouvant rendre la culture plus facile et les produits plus abondants. Sans doute, il est difficile de dépopulariser les ruches dont l'usage a été consacré par le temps; mais, lorsque les éleveurs auront reconnu les profits que donnent les ruches perfectionnées, ils n'hésiteront pas à les adopter à leur tour.

Nous avons indiqué les ruches employées dans la plupart des cantons. Celles de la plaine sont communément formées de quatre planches, à couvercle plat, sur lequel sont placées trois tuiles. Leur hauteur varie de 70 à 80 centimètres, et la largeur de 25 à 30 : dans le centre, s'entrecroisent deux baguettes pour soutenir les rayons. Ces ruches reposent sur des dalles ou sur des briques placées à 10 ou 15 centimètres du sol.

Il serait plus convenable d'établir les ruches à une plus grande élévation du sol, sur des planches soutenues par des piquets, et de les abriter, dans nos chaudes régions, avec des haies de roseaux, de romarin ou d'autres arbustes aromatiques, qui sont très-abondants chez nous, et de ménager des passages aux abeilles. Mieux vaudrait des ruchers bien organisés.

Une bonne méthode, qui s'est maintenue dans nos communes, est l'uniformité des ruches ; mais nous serions d'avis de leur faire donner, à l'extérieur, deux ou trois couches de couleur à l'huile, en employant le vert surtout.

Nous avons désigné les dimensions gigantesques des ruches des cantons montagneux de Mont-Louis et de Saillagouse, qui ne sont guère déplacées des environs des habitations, à cause du voisinage des fleurs. Il en est ainsi de celles du canton d'Olette, qui, la plupart, se trouvent abritées dans les anfractuosités des rochers.

Toutes ces ruches ont un double couvercle plat en bois, recouvert d'une large ardoise, pour écarter la pluie et la neige. Une partie est formée des vieux troncs de saules marsaut, dans lesquels les abeilles paraissent se plaire.

Préoccupés des graves effets du couvercle plat, des apiculteurs ont essayé de lui donner, les uns, un seul plan incliné ; les autres, deux ; d'autres, enfin, proposent de faire au couvercle une ou deux ouvertures, fermées avec de la toile métallique, et de les recouvrir ensuite par trois tuiles ou par une ardoise, qui devra être relevée, aux angles, par de petits cailloux, pour que les vapeurs aient une issue. Ces ouvertures doivent être fermées au besoin par des tampons.

Dans le but de renouveler les rayons du centre, que les cultivateurs y laissent vieillir pendant plusieurs années, quelques-uns ont essayé d'enlever, par le bas, au commencement de février, les gâteaux de cire. Ils ont pratiqué, après l'essaimage, la taille du miel, à partir du centre jusqu'aux rayons du bas; et ils proposent de faire une troisième taille du centre vers le haut, dans le cas où le miel serait assez abondant, sans nuire aux provisions réservées pour la mauvaise saison.

D'habitude, les ruches sont placées dans des endroits isolés, à l'abri du vent du nord. Il n'est pas convenable de les laisser trop exposées au soleil, non-seulement parce que les abeilles souffrent de l'excès de chaleur, mais encore, parce que, la surveillance ne pouvant pas être exercée aussi bien par elles à l'entrée de la ruche, un plus grand nombre de ventilatrices devient alors nécessaire, et que, la température donnant plus d'exhalaisons au miel, attire, en plus grand nombre, les insectes nuisibles.

Sur les montagnes, les ruches sont établies dans les bois et les prairies, rapprochées des points où les plantes aromatiques sont abondantes. Le propriétaire du terrain, qui se charge de veiller à leur garde, a la précaution de faire enlever les herbes qui sont à l'entour, et qui pourraient nuire à l'entrée des abeilles: la rétribution exigée, à cet effet, est ordinairement de

25 centimes par ruche; dans d'autres cantons, le salaire est du miel. Les vols nombreux de gâteaux qui ont eu lieu, cette année, lors de la dernière récolte, doivent exciter une plus grande surveillance, et faire adopter des ruches dont l'ouverture soit moins facile à ouvrir.

Nous fournirons, au sujet de deux ruches nouvelles qui existent dans le département, les notes que nous ont adressées ceux qui les possèdent. Nous serons reconnaissant aux éleveurs des divers points du pays, qui en auront fait l'essai, de nous communiquer, dans l'intérêt de la culture des abeilles, les résultats et les observations qu'ils auront recuellis.

Pour se rendre compte de l'état de toutes les ruches, il faut leur donner un numéro d'ordre, que l'on inscrit sur un morceau d'ardoise, ou sur une planchette fixée à la ruche; et noter sur un carnet le poids de la caisse et de l'essaim, et l'âge de la reine.

Nous dirons, enfin, que si l'on veut conserver les colonies pendant l'hiver, époque la plus désastreuse pour les abeilles, il faut que les ruches aient une population assez considérable, avec des provisions proportionnées. On devra encore renouveler l'air, et parfumer légèrement la ruche, soit avec la fumée de l'encens, soit avec quelques gouttes balsamiques, répandues dans l'intérieur de la ruche, deux ou trois fois dans le courant de la mauvaise saison.

Les beaux jours arrivés, les mouches auront plus d'action pour se livrer au travail, et les essaims sortiront dix à douze jours plus tôt.

Nous recommandons l'adoption des ruches à trois ou quatre compartiments; celles divisées en quatre de préférence, parce qu'elles permettent de faire jusqu'à trois récoltes : l'une, après le départ des essaims; la seconde, dans le courant de l'automne, et la troisième, au besoin, à la fin de l'hiver, pour la récolte de la cire, lorsque les abeilles commencent à sortir.

Notre collègue, M. Sauveur de Girvès, a inventé une ruche, dont il nous a adressé le plan, et qui paraît réunir divers avantages. Lorsqu'elle aura été expérimentée, nous la ferons connaître. Nous nous bornons, pour le moment, à appeler l'attention sur les ruches de M. Laurent Eychenne, de Perpignan, et de M. A. Débatène-Picard, de Mont-Louis : nous en donnons les modèles, en les accompagnant de notes explicatives.

RUCHE DE M. LAURENT EYCHENNE.

Cette ruche réunit les deux principaux avantages, qui consistent à faire la récolte du miel avec facilité, et à connaître, en tout temps, l'état des abeilles et celui de leurs besoins, sans être exposé à leurs piqûres. Elle est divisée en trois compartiments égaux, au moyen de deux planchers à grillage, faits avec sept planchettes, de $0^m,03$ de largeur, pour recevoir les rayons, espacées de $0^m,01$ l'une de l'autre, et jointes par les deux bouts, au moyen d'une demi entaille, à deux autres planchettes, qui servent à les fixer aux montants de la ruche : ces planchers se trouvent séparés également de $0^m,01$ des parvis de la ruche, afin que les abeilles puissent circuler librement d'un étage à l'autre et entre les rayons. Trois vantaux, qui s'ouvrent sur le derrière, permettent de la visiter successivement dans tout son intérieur, soit pour la débarrasser des teignes, scarabées, fourmis, etc., qui auraient pu s'y introduire, soit pour enlever les rayons des compartiments du milieu et du bas, auxquels on ne touche pas lorsqu'on fait la récolte, parce que celui du milieu contient toujours le couvain, et celui du bas la provision du miel nécessaire aux abeilles pendant la mauvaise saison. Cette opération, qui a lieu à la fin de l'hiver, a pour but d'augmenter le produit de la cire, de conserver les ruches en bon état et d'exciter l'activité des abeilles.

Au milieu du couvercle, est pratiquée une ouverture circulaire de 0m,04 de diamètre, qui est indispensable pour dissiper les vapeurs formées dans la ruche, et qui font périr souvent les essaims. Cette ouverture sert aussi à leur donner de quoi se nourrir, au moyen d'un goulot de bouteille, quand elles commencent à sortir après les froids; qu'elles n'ont plus de provisions, et que la campagne ne fournit pas encore de fleurs; mais on doit la couvrir avec de la toile métallique assez fine, pour qu'elle ne donne pas accès aux insectes. Elle est mise à l'abri de la pluie, sans que la circulation de l'air soit interceptée, au moyen de trois tuiles, que l'on pose sur chaque ruche.

Les rayons sont fixés au haut et au bas de chaque compartiment, perpendiculairement aux barreaux; et, par cette disposition, ils se trouvent superposés l'un sur l'autre dans les trois compartiments, et paraissent n'en faire qu'un seul de toute la hauteur de la ruche. Les abeilles s'élèvent ainsi vers la partie la plus culminante, sans qu'aucun obstacle s'oppose à leur marche; la ruche présente l'aspect d'une ruche d'une seule pièce, et les abeilles n'ont pas l'inconvénient de se trouver divisées.

Une personne seule suffit pour faire la récolte. Avec un peu de fumée, elle chasse les abeilles de la case qu'elle veut dépouiller; elle détache les gâteaux sans difficulté, et les retire entiers, sans répandre une goutte de miel, et sans blesser une seule abeille. Pendant l'opération, l'essaim reste calme; les mouches continuent, les unes à sortir pour aller butiner, les autres à rentrer chargées de provisions, sans s'apercevoir du larcin qu'on leur fait.

L'usage de faire des essaims artificiels est inconnu ici; d'ailleurs, cette méthode est impraticable avec nos ruches ordinaires. Pour les faire avec la nouvelle ruche, il n'y a qu'à en renverser une vide et à la superposer sur la ruche-mère, de manière que les trous des couvercles se correspondent parfaitement, et à boucher toutes les ouvertures; puis, on ouvre le vantail supérieur de la ruche-mère, et on applique sur cette ouverture un châssis en toile métallique, assez claire pour bien distinguer les abeilles, qui, à l'aide de la fumée, ne tardent pas à monter dans la ruche vide. Lorsqu'on a vu passer la mère-abeille, et que l'on juge que l'essaim est assez fort, on sépare les deux ruches; on en bouche les ouvertures avec leurs tampons; on dépose celle qui contient le nouvel essaim à quelque distance, et on la laisse fermée jusqu'à la nuit.

On doit opérer aux premiers jours du mois de mai, si l'on veut que les nouvelles ruches soient dans les conditions favorables des autres; alors, les essaims précoces ont le temps de remplir leurs ruches, qui peuvent être récoltées à l'époque ordinaire de la taille. On peut encore transvaser les ruches avec facilité par la même méthode.

RUCHE DE M. DÉBATÈNE-PICARD.

Cette ruche est formée de quatre caisses, de $0^m,16$ de hauteur, soutenues par des languettes de bois. Ces caisses sont percées de petits trous, pour ménager la circulation des abeilles : elles peuvent être enlevées facilement.

A l'époque de la première dépouille, qui a lieu du 1er au 10 mai, le couvercle de la ruche est d'abord détaché, afin de lancer la fumée; et lorsque les abeilles sont descendues, la première caisse est enlevée pour en retirer le miel : l'opération est faite sans la moindre difficulté, et cette caisse, mise à la place de celle du bas, reçoit les abeilles, qui se hâtent d'y travailler.

Pour opérer la seconde dépouille, du 1er au 15 août, on emploie de nouveau la fumée pour déplacer les abeilles. La deuxième caisse du haut est retirée; et, après l'enlèvement des rayons, elle prend la place de la troisième.

De la sorte, les rayons ne vieillissent pas.

Le miel est de qualité supérieure; et, dans cette ruche, les abeilles sont moins sujettes aux maladies, et les produits y sont d'une abondance extraordinaire.

Pour profiter des avantages immenses de nos plantes aromatiques, et leur donner une plus grande extension, ne pourrait-on pas, sur quelques côteaux et sur quelques points de nos montagnes, les propager pendant les journées humides du printemps? Cette pratique, qui serait importante, mériterait des encouragements, qui devraient être donnés aux cultivateurs et aux agents cantonnaux qui s'y livreraient sans nuire à l'exercice de leurs fonctions.

Pénétré de l'intérêt que mérite notre apiculture, nous solliciterons les bienveillantes dispositions du Conseil-Général, qui nous donne tant de preuves de sa sollicitude incessante pour les diverses branches de notre agriculture.

Les ressources mellifères de notre département, et la beauté remarquable de notre miel étant reconnues, ne pourrions-nous pas aussi espérer que M. le Ministre de l'Agriculture, toujours disposé à favoriser le bien-être général, fixant son attention sur notre industrie abeillère, lui donnera, par ses encouragements, plus d'essor, et contribuera à la replacer au premier rang?

Nous serions heureux, en outre, si nous pouvions contribuer, pour notre faible part, à propager les méthodes de perfectionnement connues; plus heureux encore, si nous parvenions à rendre la culture des abeilles plus prospère : notre zèle et nos soins seraient alors amplement dédommagés et notre tâche remplie.

Nota. Nous engageons tous les cultivateurs qui veulent suivre les progrès de la science apicole, à ne pas négliger la lecture de l'*Apiculteur praticien*, excellent journal, publié tous les mois, au prix de 6 francs par an, par M. Hamet, professeur distingué du cours public d'apiculture, au Luxembourg, et auteur du petit *Traité d'Apiculture*, dont le modique prix (60 centimes) est à la portée de tous.